강아지는 산책하고 달리고 놀아야 한다

도로시샘의 thinking together training

저자의 말

"두 발로 걷는 사람이지만, 강아지가 되어 이해할 수 있다면"

강아지는 산책하고, 달리고, 놀아야 합니다. 냄새 맡고, 추적하고, 달리고, 친구들과 레슬링 하며 노는 것을 사랑합니다. 강아지는 그렇게 태어났습니다. 강아지를 입양했다면, 좋아하는 것들을 할 수 있는 시간을 주어야 합니다. 입을 벌리고, 숨을 헐떡이며 달리는 강아지, 자유를 만끽하는 자연 그대로의 모습을 하고 있습니다. 그 모습에 덩달아 보호자도 행복한 모습을 자연스럽게 하게 됩니다.

인간만이 사랑하고, 학습하며, 이타적인 행동을 하는 유일한 동물일까요?

인간의 뇌를 연구하는 그레고리 번즈 박사에 의하면 "그렇지 않다."라고 합니다. 우리와 함께하는 강아지도 사랑하고, 생각하는 동물이라고 합니다. 우리와 같이 외로움과 상실감을 가지고 있습니다.

인간과 개, 모두 사회적 동물입니다. 그래서 가족과 친구를 만나고, 관계를 맺으며 살아갑니다. 그런데 모두가 사회성이 완벽한 건 아닌 거 같습니다.

우리는 우리의 관점에서 강아지들에게 더 행복한 환경을 만들어 주고, 친구를 만들어 주려고 노력합니다. 의도는 이해 가지만, 어떤 경우에는 좋은 의도가 강아지들을 안 좋은 상황으로 몰고 갈 수 있습니다. 소심하고 겁 많은 강아지가 많은 사람과 강아지가 있는 애견 카페에 가면 얼마나 황당하고 무서운지. 만약 소심하고 겁이 많은 초등학생에게 용기를 가지게 하려고 해병대 참여 프로그램에 입소시킬 것인가. 아니면 특성에 맞게 구성된 소집단으로 하는 놀이 프로그램에 참여시킬 것인가. 그건 보호자의 선택입니다.

　나만의 강아지, 우리 가족만의 강아지, 멋진 꿈을 꾸며 입양한 강아지가 말썽꾸러기로 성장한다면 어떻게 할까요?

　위탁 훈련소로, 방문 훈련으로, 보호자와 함께하는 동반 교육을 택하든, 책을 통해 스스로 공부하여 강아지를 교육하든 우리는 어떠한 결정을 해야만 합니다. 강아지를 대하고 교육하는 일은 깊은 통찰력과 높은 수준의 전문지식과 경험, 그리고 가족을 대하듯 올바른 윤리의식이 필요합니다. 어렵지만 우리는 선택을 해야 합니다. 선택에 따라 강아지와 우리의 삶이 달라지니까요.

　어떻게 하면 우리 강아지에게 매력적인 보호자가 될까요?

　밀고 당기기를 잘하면 강아지에게 매력적인 보호자가 될 수 있습니다. 모든 것을 들어주는 집사가 아니라, 주고받기를 잘하는 보호자가 되어야 합니다. 강아지가 먼저 와서 얌전히 무언가를 요구할 때까지 말과 터칭 없이 기다려야 합니다.

　말보다 행동으로 보여주어야 합니다. 저는 신뢰의 힘을 믿습니다. 강아지에게 신뢰를 주고, 신뢰를 받음으로써 우리는 서로 교감할 수 있습니다. 강아지와의 감정 거리가 제로가 되었다면 강아지와 보호자 모두 행복한 생활을 할 수 있습니다.

　하루에 많은 강아지가 입양을 갑니다. 하루에 많은 강아지가 유기되고, 안락사로 희생되고 있습니다. 쉽게 입양을 하고, 쉽게 포기하고, 쉽게 처리하려 하기 때문입니다. 강아지는 소중한 생명입니다. 사람을 진심으로 사랑하고 믿음을 주는 존재입니다. 그 의미를 아는 사람만이 입양했으면 좋겠습니다.

강아지들은 이 글을 이해하지 못하겠지만, 강아지를 대변하고 싶었습니다. 제가 강아지들의 마음을 다 알 수 없기에, 저 또한 강아지의 마음을 더 열심히 이해하려고 다가갈 것입니다. 보호자분들도 노력해 주시길 바라는 마음으로 이 글을 쓰게 되었습니다.

강아지와 살아가면서 소중하고 아름다운 삶을 만들어 가는 데 도움이 되었으면 합니다.

제가 가지고 있는 지식과 생각들을 쉽게 이야기하듯 표현하려 노력했지만, 일부분 심리학 및 동물행동학 전문용어들이 사용되었습니다. 이해하기 어려운 내용이 있으면 이메일로 질문해 주시면 답변 드리겠습니다.

도로시샘의 Thinking together training

하나.

관심. 타인의 시선에서 벗어나, 소소한 것에서 행복을 느끼는 삶

둘.

사랑. 울 강아지 엉덩이춤 추게 하는 엄마·아빠

셋.

신뢰. 울 똥강아지 행복하게 하는 것들

넷.

행복. 칭찬으로 얻는 행복

다섯.

자유. 소리 없이 행동으로 보여주는 Thinking training

여섯.

공감. 강아지에게 배우는 삶

도로시샘의 Thinking together training

어느 책에서 개가 늑대보다 지능이 떨어진다는 내용을 보고 혼자 갸우뚱했습니다. "왜지? 개가 늑대보다 지능이 왜, 떨어진다는 거지?" 하면서 글을 읽었습니다.

첫 번째 이유는 뇌의 크기였습니다. 두 번째는 턱의 힘이었습니다. 이런 이유로 지능이 떨어진다니 이해가 되지 않더라고요. 사람으로 비유하면 얼굴이 작으면 뇌도 작을 텐데, 얼굴 작은 사람들은 머리가 나쁜가. 단순히 뇌의 크기, 턱의 힘을 기준으로 해서 늑대가 개보다 지능이 높다고 한다면, 코끼리나 소의 뇌가 크니 늑대보다 훨씬 지능이 높다고 이야기해야 하지 않을까요. 지구에서 늑대는 멸종 위기 동물입니다. 그러나 강아지는 셀 수 없을 만큼 많은 종으로 번성했습니다. 세계 어느 곳에서나 볼 수 있는데요. 환경의 차이는 있지만, 사람의 곁에서 행복하게 지내는 동물 중에 가장 많은 수입니다.

사람의 침실까지 차지한 동물, 얼마나 지능이 좋으면 사람의 마음을 사로잡아 집으로 들어와 침실에 버젓이 누워, 맛난 식사와 호사스러운 생활을 할까요. 1만 5천 년 전부터 사람의 곁에서 껌딱지처럼 붙어살아왔으니 얼마나 똑똑한가요. 이 똑똑이들을 교육하려면 우리가 조금 더 지능을 사용해야 합니다. 물론 그전에 강아지의 습성과 특성에 대해 이해해야 합니다.

강아지 교육에 있어 제일 중요한 것은 인내심은 필수, 간단해야 하고요[simple]. 재미있어야 하고요[enjoyable]. 시간은 짧아야 합니다[short].

가장 많은 시간을 같이 보내고, 앞으로 평생 같이 보내야 하는 보호자야

말로 가장 훌륭한 선생님이 될 수 있습니다. 교육시간은 강아지와 보호자에게 소중한 시간이 될 수 있으며, 서로가 한 가족임을 느끼게 하는 시간이 될 수 있습니다. 이 기회와 시간을 다른 누군가에게 맡기고 위탁한다면 굴러들어온 기회를 스스로 발로 걷어차는 것과 같습니다.

"simple, enjoyable, short"의 원칙과 함께 "thinking training"을 통해 강아지 스스로 생각하며 결정하는, 창의적인 반려견이 되도록 용기를 주어야 합니다.

스스로 생각해서 하는 행동이 다양해지면, 강아지는 우리의 감정과 생각을 더욱더 파악하려고 할 건데요. 일상생활에서 습관처럼 생각하는 강아지는 흥분한 상황이나 위험한 상황에서도 차분히 우리의 결정을 기다리게 할 수 있습니다.

보호자는 기본예절을 알려주고, 강아지는 즐겁게 따른다면, 보호자나 강아지 모두 행복한 삶이 되지 않을까요. 미래의 꿈, 희망, 목표를 위해 오늘을 사는 사람들과 달리, 강아지는 지금 여기에 누구와 같이 있으며, 어떻게 하면 즐거울까를 생각합니다.

하나.

관심

-

타인의 시선에서 벗어나,
소소한 것에서 행복을 느끼는 삶

1. 개똥 묻은 손

녀석들은 우리에게 가늘고 긴 눈꼬리 미소를 지어 보이면서 두 팔 벌린 우리의 품 안으로 달려듭니다. 우리는 그 모습에 행복해하고, 또 행복해합니다. 그 순간의 모습을 사진으로 찍어 본인에게 보여주면 '바보 아냐'라고 할지 모릅니다. 강아지들과 살아가는 반려인이라면 이해하고, 공감할 수 있을 것입니다.

강아지와 산책을 할 때 종종 강아지를 싫어하는 사람들과 마주칠 때가 있습니다. 그 사람들이 어떤 말을 하든, 어떤 행동을 취하든 저에겐 큰 문제가 되지 않습니다. 물론 보호자마다 대처 방법은 터득하고 있을 텐데요. 황당한 경험을 할 때마다 속상한 거는 변하지 않는 거 같습니다. 아직 방법을 정하지 않은 분은 정하시는 게 좋을 거 같습니다. 유형을 보면, 무시형, 싸움닭형, 도망형, 읍소형이 있는 거 같습니다. 저는 무시형입니다. 개인적 성향에 따라 정하면 됩니다. 절대 폭력이나 폭언은 하지 말아야 합니다. 강아지와 사람의 정신건강에 해로울 수 있으니까요. 강아지들이 흥분한 보호자를 보면, 같이 흥분할 수 있습니다.

후줄그레한 바지와 셔츠, 옷에 침 자국은 필수, 흙은 뭐 그냥 묻어 있고요, 리드 줄 잡고 똥 치우다 강아지가 움직여 손에 똥이 묻어도 '에잇! 뭐야' 하고, 남을 의식하지 않게 되면서부터 우리 가족과 강아지는 자유를 얻기 시작했습니다. 우리나라에서 강아지와 생활한다는 건, 특히 대형견과 산다는 건 따가운 눈총을 감당할 각오가 되어있어야 하는 거 같습니다. 물론 지켜야 할 법규, '펫티켓'을 잘 지켜야 하고요.

두 발로 땅을 딛는 사람과 네 발로 땅을 딛고 있는 강아지들이 같은 공간에서 살아가면서 재미나고 행복한 일들이 생길 수 있고, 반대로 불행한 일이 일어날 수도 있습니다. 강아지와 살아가면서 큰 배움 중의 하나가 강아지들을 정확히 알지 못하면, 그들의 마음을 얻을 수 없다는 것입니다.

사람과 강아지. 정말 특별한 인연이죠. 강아지가 우리에게 특별한 변화를 가져다주었습니다. 겉모습은 귀티 안 날지 모르지만, 내면은 사랑과 행복으로 충만하게 만드니까요. 그런데 공짜는 없는 거 같습니다. 사람이 노력해야 하니까요. 노력하지 않으면 반대로 정말 끔찍한 하루하루가 될 수도 있으니까요. 변화가 필요합니다. 강아지에 대한 잘못된 정보와 사람보다 지능이 낮은 동물이라는 구닥다리 사고방식을 바꾸어야 강아지가 행복해지고, 나도 행복해질 수 있습니다.

우리가 행복하다면, 타인의 시선은 신경 쓰지 않아도 괜찮지 않을까요. 함께 할 수 있는 시간은 유한하니 더더욱 믿고 사랑해야 합니다.

2. 주기만 하면

식사하고, 간식을 먹습니다. 편안히 소파에 엎드려 TV를 봅니다. 곁에는 아빠, 엄마, 형, 누나, 언니가 있습니다. 부드러운 마사지를 해줍니다. 산책합니다. 운동도 합니다. 추울까 봐 옷을 입혀줍니다. 더울까 봐 쿨매트를 깔아줍니다. 꼬박꼬박 예방접종을 하고 아프지 말라고 영양제도 먹습니다. 모든 것이 무상입니다. 사람들이 강아지에게 요구하는 것이라곤, 곁에 오래오래 건강하게 있어만 달라는 것입니다.

우리는 강아지를 왜 이리 사랑할까요?

전생에 무슨 착한 일을 했길래. 강아지는 집안에서 모든 일의 중심이 되어 살아갈까요? 어떤 가정에서는 강아지가 사람보다 더 높은 대우를 받는다고 가족끼리 애교 섞인 불평을 하기도 합니다.

과거에는 집을 지키는 일을 했고, 가축을 모는 일을 했고, 눈썰매를 끌기도 했다지만 지금은 일도 없습니다.

그저 집안에서 뒹굴뒹굴하는 강아지를 왜 이리 사랑할까요?

강아지는 단순합니다. 순수합니다. 정직합니다. 똑똑합니다. 우리를 믿고 따릅니다. 우리를 즐겁게 만드는 데 특별한 재능을 가지고 있습니다.

외출 후 집으로 돌아오면 입에 잔뜩 무언가를 물고, 꼬리 춤과 엉덩이춤을 추며 반갑게 우리를 반겨줍니다. 사회적으로 어떤 위치인지는 관심 없습니다. 그저 자기를 아껴주면 됩니다. 그뿐입니다.

어느 순간, 어떤 강아지들은 도를 넘습니다. 강아지가 무리한 요구를 합니다. 협상이나 타협도 없습니다. 놀아 달라 보채기도 합니다. 짖습니다. 물기도 합니다. 흥분해서 점프도 합니다.

왜 그토록 착했던 강아지가 어느 순간 변할까요? 답은 간단합니다. 습관처럼 무상으로 받는 것에 익숙해져서입니다. 짖고 요구하면 다 들어주었기 때문입니다. 강아지가 회장님이 되고, 보호자는 집사처럼 무의식적으로 각인되었기 때문입니다.

어떻게 하면 될까요?

무의식적으로 쓰다듬어 주고, 예뻐했던 나의 행동을 바꾸어야 합니다. 그리고 강아지가 스스로 선택하도록 하면 됩니다. 간식을 먹으려면 앉아야 하고, 소파에 올라오려면 얌전히 기다려야 하고, 흥분하면 행동이 통제된다는 것을 알려주면 됩니다. 강아지는 생각할 겁니다. 간식을 먹으려면, 짖는 것보다 앉으면 된다는 것을 스스로 배우게 됩니다. 소파에 올라와서 편히 쉬려면 잠시 바닥에서 기다려야 하고, 흥분하면 마음대로 움직일 수 없으니 얌전히 있어야 한다는 것을 알아가게 됩니다.

강아지는 즐겁게 행복하게 하루하루를 사는 것이 의무입니다.

우리는 강아지들에게 최대한 좋은 삶을 만들어 주기 위해 우리가 할 수 있는 것들을 제공해 주어야 합니다.

● 집에서 강아지가 먹으면 탈나는 음식[1]

① 초콜릿: 카카오의 테오브로민이라는 성분이 심장질환을 일으킬 수 있다.

② 파나 양파가 들어간 음식: 파나 양파가 들어간 음식은 조심해야 한다. 파나 양파가 강아지의 적혈구를 파괴하여 혈뇨를 눌 수 있다. 심한 경우 빈혈을 일으킬 수 있다.

③ 우유: 강아지에게는 유당 분해 효소인 락타아제의 분비가 적어 사람이 섭취하는 우유나 유제품은 설사할 수 있으므로 주의해서 급여해야 한다. 강아지 전용 우유를 주어야 한다.

④ 포도: 포도 섭취로 인한 콩팥 손상으로 사망한 사고가 보고되었다. 특히 씨는 주의해야 한다.

⑤ 뼈 음식: 뼈를 과다하게 섭취하면 변이 딱딱해져 변비가 생길 수 있다. 특히 닭 뼈의 경우 날카롭게 부서지므로 주어서는 안 된다.

사람이 먹는 음식에는 간이 되어있거나 향신료가 들어가 있는 경우가 많다. 강아지에게 음식을 줄 때는 주의해야 한다.

---

1   반려동물관리학, 김옥진 외, 동일출판사

3. 서로 다른 첫 만남의 기억

강아지를 입양하기 위해 부부간에 엄청난 로비와 싸움을 해서 입양을 하신 보호자도 있을 겁니다. 자녀들이 잘 돌보겠다고 다짐하며, 애교와 설득으로 입양을 결정한 가족도 있을 겁니다. 시간이 지나 지금은 재미난 추억으로 남아 있을 거고요.

"옆집 강아지 너무 예쁘다."
"제발 우리도 입양하자, 엄마. 응?"
"정말 나의 로망이야. 여보."
"레트리버 입양하자. 제발, 여보."
"싫어. 집에 털도 날리고, 우리가 감당할 수 없잖아. 안돼."

반려견 입양을 결정하고, 어린 강아지를 입양하든, 동물보호센터에 머물던 강아지를 입양하든, 새로운 가족을 맞이할 생각으로 가득했던 그 날의 설렘을 기억하시는지요?

입양 결정을 한 후, 첫 만남의 설렘으로 밤잠을 못 잔 사람도 있을 겁니다. 강아지를 데리러 가는 차 안에서 온 가족이 도란도란 향후 어떻게 이름을 지으며, 어떻게 보살필지를 의논하며 갔던 보호자들도 있을 거고요.

온 가족이 식탁에 모여, 강아지 이름은 무엇으로 할까? 리스트를 만들어 하나씩 하나씩 이유를 대며 토론했을 것입니다.

"음식으로 이름을 하면 장수한다."

"명품 이름을 해야 귀티가 난다."

나름의 이유를 대며 옥신각신했던 분들도 있을 겁니다.

강아지에게 첫 만남, 첫날은 어떨까요?

첫 만남에 "어머, 너무 이뻐."하며 들어 올리고 뽀뽀하려 얼굴을 갖다 대니 미칠 지경일 것입니다. 강아지 세계에선 이렇게 가까이 눈을 마주치는 것은 있을 수 없는 일이라 강아지는 힘들고 무섭게 느끼지만, 눈만 멀뚱멀뚱 뜨고 참았을 것입니다.

어미 개와 동배 형제들과 떨어져 낯선 사람들과 빨리 움직이는 자동차라는 것을 처음 탔습니다. 강아지는 아직 배변 참는 것이 어려우니 차 안에다 대소변을 보기도 했을 겁니다. 깨끗함을 추구하는 동물인데, 그 순간 너무 당황했을 겁니다.

멀미해서 속도 안 좋아 토하기도 했는데, 꽤 긴 시간을 달려 집에 오니, 이건 또 그전에 지내던 곳과 너무 달라, 무섭고 두려워 어딘가 피할 곳을 찾아 숨기도 합니다.

하루가 정말이지 너무 길게 느껴질 것입니다. 무섭고 낯선 첫 만남으로 기억할 만도 한데, 그래도 강아지들은 착합니다.

개들은 우리가 무엇을 말하고 싶어 하는지 이해하려고, 새로운 환경에 적응하려고 부단히 노력하고 있으니 말입니다.

● 강아지를 입양할 때 주의점

① 한 번 보고 결정하지 말고, 여러 번 보고, 가정집, 전문 사육사 또는 동물 보호소에서 입양하는 것이 좋습니다. 가정집 또는 전문 사육사의 경우, 강아지를 정하고 자주 찾아보고, 입양 전에 이름이 정해졌다면 이름 교육, 이리와 등 교육을 부탁하면 좋습니다. 동물 보호소 강아지의 경우 자주 방문하여 같이 시간을 보내는 것도 좋습니다.

② 온 가족의 동의가 필요합니다. 다른 가족의 도움과 협조가 있어야 합니다.

③ 입양 날짜는 가능하다면 휴일 전날이 좋습니다. 처음 며칠은 많은 관찰이 필요합니다.

④ 건강 상태를 확인하며, 예방접종 관련 기록을 받아야 합니다.

4. 잠자리 논쟁

강아지는 어미 개 품 안에서 제일 따스했을 것입니다. 태어나서 세상을 보지도 듣지도 못하는 시기, 오로지 냄새에 의존해 찾은 곳, 어미 개의 품 안, 아마 기억하고 있을 것입니다. 입양 온 첫날, 낯선 곳으로 왔기 때문에 따스하고, 안전하며, 제일 편한 장소, 어미 개의 품 같은 곳을 찾아 다가올 겁니다. 기다려 주세요. 먼저 다가가지 말고 올 때까지 기다려 주세요.

유기견을 입양한 경우라면 먼저 다가올 때까지 기다려 주어야 합니다. 강아지 성격에 따라 다르겠지만, 키가 큰 사람이 다가가면 뒤로 물러설 수 있습니다. 스스로 안전하다고 판단할 때까지 시간을 두고 기다려 주어야 합니다. 최소 2주 이상은 밥과 물을 주고, 산책하러 나가고, 장난감을 주는 것으로 충분합니다. 강아지들을 믿고 기다려 주면 분명 우리에게 다가와 몸을 내어 줄 것입니다.

어떤 강아지는 실내에서 자기가 선택해서 잠자리를 정하면 그곳으로 보호자가 잠자리를 정해주기도 하고, 어떤 강아지는 원하지 않는 곳, 정해준 곳, 켄넬 또는 견사에서 자기도 합니다. 잠자리, 선택은 강아지가 하지만, 결정은 보호자가 하는 경우가 많은데요. 정답이 없지만 어떤 것이 좋을까요?

강아지들은 자기들이 자고 싶은 곳에서 잘 때 행복해합니다. 평상시에는 대형견이든 소형견이든 강아지들은 위로 올려다보며 눈 맞춤을 하지만 누워 있을 땐 눈높이가 비슷하니 훨씬 마음 편해하는 것 같습니다. 대부분 장소는 자기가 믿고 사랑하는 보호자의 근처입니다.

저의 집 경우, 부부가 사용하는 침대 옆 양쪽으로 필립이 침대와 앙리 잠자리가 있습니다. 침대가 붐빌 때도 있습니다. 제가 먼저 잠자리에 들려고 침대에 올라가면 앙리가 침대 이불 위로 올라와 자리 잡고, 다음은 필립이가 침대에 자리 잡으면 아내의 자리가 없을 때도 있습니다. 필립이는 처음에는 거실에서 잠을 자다가 새벽에는 자기 침대에 올라와 고른 숨소리를 내며, 평화롭게 잠을 자고 아침을 같이 맞이하는데, 꼭 저보다 몇 분 늦게 일어납니다. 아마 자는 척을 하는 거 같습니다. 앙리는 처음에 침대에서 같이 자다가 불편해지면 자기 담요에서 잠을 잡니다. 둘 다 손을 뻗으면 닿을 거리입니다.

강아지가 제일 마음에 드는 곳이 안전하다면 그곳에 잠자리를 만들어 주면 어떨까요. 어떤 훈련사들은 절대 침대에 올라오게 하면 안 된다고 합니다. 버릇이 나빠진다는 이유이고, 자기가 서열이 높다고 생각한다는 이유인 거 같지만, 이해할 수도 동의할 수도 없습니다. 사실 강아지는 여기저기 몇 군데 옮기면서 잠을 자는 경우가 많은데, 침대에서 자다가 불편해서 내려가는 경우가 많습니다. 물론 이갈이를 하는 어린 시절에는 침대 시트나 매트리스를 물어뜯을 수 있습니다. 무기력해서 심심해서 뜯는다면, 그건 보호자의 잘못이고요. 침대 시트가 아니라도 다른 무언가를 입에 물고 뜯고 있을 테니 말입니다. 충분한 산책과 운동을 시키고, 물고 뜯을 수 있는 장난감을 주어 놀게 하고, 관리기법을 이용해 예방할 수 있고 교육을 통해 못하게 할 수 있습니다.

보호자는 강아지에게 가장 편하고 안전하고 따스한 공간을 마련해 주어야 합니다. 선택은 강아지가 할 수 있도록 해주시면 강아지들이 편안해할 겁니다.

켄넬이 될 수 있고요. 침대 밑에 강아지 침대가 될 수 있고요. 현관 옆 방석이 될 수 있습니다. 서로의 숨소리를 들을 수 있는 공간이면 됩니다. 숨소리를 듣는 것만으로 강아지에게 우리 곁에 있으면 안전하고 편안하고 걱정하지 않아도 된다고 느끼게 할 수 있습니다.

"강아지가 배부르게 밥을 먹고 하루를 마감하는 시간, 이 시간이 서로를 깊게 사랑하고 신뢰를 확인하는 시간"

서로의 배를 보여주며, 서로의 무방비 상태를 노출하는 공간이자 시간이기에 이 기회를 놓치지 말아야 합니다. 고요한 밤, 강아지들이 잠이 들기 전에 내는 소리를 들어 보세요. '흐으픔 흐~~, 쩝쩝' 따라 해보세요. 이 소리만큼 마음을 편안하게 하고, 행복하게 잠으로 빠져들게 하는 소리는 없을 것입니다.

강아지들이 보호자를 어떻게 생각할까요? 믿음직한 동료. 친구.

뉴스킷 수도사들의 저서 「뉴스킷 수도원의 강아지 훈련법」에 의하면 문제견 중에 80%가 침실 밖에서 자는 녀석들이었으며, 이 개들은 대개 거실, 지하실, 야외 또는 의미심장하게도 침실 바로 바깥에서 잠을 잤다고 합니다.

아주 오래된 1만 5천 년 전에는 어디에서 사람과 잠을 잤을까요? 아마도 가장 가까운 곳에서 자지 않았을까요?

5. 자자는 신호

"울 필립이 밥도 잘 먹고, 똥도 잘 싸고, 잠도 잘 자고, 튼튼~ 튼튼~"
"울 필립이 밥도 잘 먹고, 똥도 잘 싸고, 잠도 잘 자고, 튼튼~ 튼튼~"

필립이를 처음 입양한 날, 온 가족이 흥분의 도가니였습니다. 뒤뚱뒤뚱 달려오는 모습이 모두를 즐겁게 했던 거 같습니다. 새로운 환경에 적응하도록 처음 2~3일은 아내가 필립이 근처에서 잠을 잤습니다.

모든 가족에게 먼저 필립이에게 다가가지 말고, 올 때까지 기다리고, 만지고 싶으면, 조용히 곁에 가서 앉아 있으면 다가올 거니 그때 만져주라고 신신당부했습니다. 그런데 그건 거의 불가능이죠. 이 녀석이 너무 귀여우니 자연스럽게 손이 나가고, 손이 나가면 필립이는 핥고 깨무니까요. 강아지 입양한 첫날을 뒤돌아보면 대부분 집이 비슷한 모습이지 않을까 싶네요.

잠을 잘 때 불을 끄고. "자자"라고 하면, 어느새 낑낑대고, 달려오는 필립이에게 대답하지 말고, 그냥 두라고 아내에게 이야기한 이후부터 아내와 저는 필립이 자장가를 만들었습니다. 그리고 불을 끄고, 자장가를 불러 주었습니다. 처음에는 이게 무얼 했지만, 어느 순간부터 같이 잠이 들기 시작합니다.

비반려인이 보기엔 어이없어할 수 있지만, 자장가가 잠을 자야 한다는 신호이고, 그 신호를 필립이는 정확히 이해하기 시작했습니다. 둘째 앙리가 집에 오고 나서부터는 부르는 횟수가 줄어들었지만, 가끔 불러 주면, 쩝쩝하고 필립이는 잠을 자기 시작하고요. 앙리도 자기 잠자리로 갑니다.

노래를 불러 주는 보호자들이 많습니다. 꼭 자장가의 의미가 아니어도 건강을 기원하고, 행복을 바라며, 서로 사랑함을 전달하는 노래인 거 같습니다. 자기만의 가사와 음률은 이 세상에 다른 사람이 들을 수 없는 강아지와 나만의 소리입니다. 너무 시끄럽지 않다면, 사랑의 노래라는 걸 강아지들은 알 겁니다.

불 꺼진 어두운 방에서 모두가 잠이 듭니다. 밤 동안 다른 가족인 고양이도 같이 끼어듭니다. 자그만 발로 배와 다리를 밟으며 지나가기도 합니다. 이불 안에서 자는 앙리를 발로 건들면, 앙리는 이불 안에서 밖으로 나와 다른 자기 자리에서 다시 잠을 청합니다.

잠자는 시간, 공간은 서로 곁에 있다고 느끼면서, 쉼의 시간 또한 교감의 시간입니다. 서로의 신체를 느끼며, 서로 보호하고, 보호받는 것을 느낄 수 있습니다. 편안하고 고요함에 스르르 잠이 듭니다.

자장가가 효과가 있을까요?

사람하고 차이가 있을까요? 없다고 생각합니다.

질문 강아지도 꿈을 꿀까요? 네, 꿈을 꿉니다.

자면서 으르렁거리기도 하고, 낑낑대기도 하고, 쩝쩝대며 먹는 흉내를 내기도 합니다. REM[Rapid Eye Movement, 몸은 자고 있으나 뇌는 깨어 있는 상태] 수면과 NREM[Non-Rapid Eye Movement, 몸과 뇌가 자는 깊은 수면 상태] 수면은 사람과 같습니다. 청각이 발달한 관계로 중간중간 잠에서 깨는데요. 그래서 강아지마다 차이가 있지만, 12~18시간 정도 잠을 잡니다.

6. 꿈같은 허니문

"첫 달 동안 강아지 재롱으로 온 가족이 웃음의 바다."

뒤뚱뒤뚱 걷는 모습, 달리는 모습만으로 힐링이 됩니다. 속도 제어가 안 돼 멈출 때면 앞으로 꼬꾸라지는 모습에 웃음이 절로 나옵니다. 자그만 혀로 우리의 손과 손등을 핥고, 사람의 얼굴을 핥을 때면 그날의 스트레스나 우울했던 일들이 저절로 잊힙니다.

강아지 입에 손을 넣어 깨물어도 아프지 않으니, 손으로 강아지와 놀아주기도 합니다. 모든 것에 호기심을 가지고 있어, 온 집안 식구들의 행동을 따라다니며 간섭을 하기도 합니다. 처음 듣는 소리에 놀라 무서워 도망가기도 합니다.

갑자기 아빠의 구두를 물고 오기도 하고요. 누나의 핸드백을 물고 놀기도 합니다. 전기선을 물어 망가뜨리고, 페트병을 자근자근 씹기도 합니다. 호기심으로 엉뚱한 짓을 해도, 말썽을 부려도 예뻐합니다. 귀여운 외모 때문에 무엇을 해도 용서받을 수 있는 시기입니다.

퇴근해서 집에 돌아오거나, 학교를 마치고 집에 오면 제일 먼저 강아지를 찾습니다. 오늘 하루 무슨 일을 했고, 어떤 사고를 쳤는지 물어보며 온 식구가 즐거워합니다. 배변은 잘하는지, 실수는 몇 번 했는지, 어떻게 하면 잘 키울 수 있을지 서로 인터넷이나 서적을 통해 공부하기도 합니다.

집에 오고 한 달, 생후 3개월에서 5개월까지의 강아지들은 사랑과 관심을 받고 무럭무럭 성장하면서 가족들의 무한 사랑을 느끼니 세상 부러울 것이 없는 시기입니다.

강아지와의 허니문은 생각보다 짧습니다. 강아지들의 성장 속도는 정말 빠릅니다. 소형견·대형견 모두 하루가 다르게 커집니다.

이 시기에 기본예절 교육을 시작해야 합니다.

7. "개는 개다."라는 사람들

강아지에 대한 사랑과 관심이 이상한 행동인 것처럼 말을 하는 반려견 전문가들이 있습니다. 그냥 각자 사랑하는 강아지에 관해 공부를 많이 하자고 하면 될 것을...

의인화 거부[anthropodenial]란 동물들이 인간의 특성을 지니지 않은 것처럼 묘사한다는 뜻이라고 합니다. 과연 인간만이 사랑하고, 사고할까? 많은 과학자는 "아니다."라고 이야기하고 있습니다.

자신의 반려견이 생을 마감한다는 생각만으로 눈물이 난다는 분들이 많습니다. 눈물이 납니다. 그렇습니다. 동물, 반려견에게 의인화는 자연스러운 행동이지 않을까요. 꽃을 좋아하는 사람은 꽃을 아끼고 사랑하죠. 자동차를 지극정성으로 자식처럼 아끼고, 이름도 지어주고, 소중히 관리하는 사람도 있으니까요.

개는 개고, 사람은 사람이다. 동식물의 종을 나눈다면 정답입니다. 분명 다른 종이니까요.

개는 개답게 키워야 한다고 합니다. 개 대우를 해주자는 이야기인데. 개 대우를 어떻게 하는 게 정답인지.

'개답게'라는 것을 어떻게 정의할까요?

사람마다 자신만의 '개'에 대해 생각하고 있을 텐데요. 사실 정답이 없죠. 각자 개다움을 정의하면 되니까요. 그럼 우리와 같은 공간에서 많은 시간을 보내는 반려동물인 강아지의 '개다운' 것은 무엇일까요?

"개는 갯과 동물로 무리 생활을 하며, 1만 5천 년 전부터 우리 곁에서 지내온 동물로서 굉장히 영리하다. 신체 능력 또한 탁월해서 견종마다 차이는 있으나 많은 운동과 산책이 필요하며, 탁월한 후각, 청각 능력을 갖추고 있으며, 시력은 동체 시력이 발달했다. 지능 또한 좋아 군견, 경찰견, 마약 탐지견, 구조견, 시각장애인 안내견, 치료 도우미견 등으로 다양한 분야에서 활동하는 대단한 동물이다. 또한, 유형진화를 한 몇 안 되는 동물로서 천성이 착하고, 놀기를 좋아한다."

진심으로 강아지를 사랑하는 분들은 아들, 딸, 동생, 조카처럼 대합니다. 개 딸, 개 아들, 개 동생이라고 부릅니다. 명칭은 중요하지 않습니다. 분명하게 가족처럼 생각해서 행동하고 표현을 하니까요. 일부 사람들은 이것을 잘못된 의인화라고 표현하며 하지 말아야 한다고 주장합니다. 이게 왜 선부른 의인화인지 모르겠습니다.

개 대우를 해주면 됩니다. 가족처럼 대해주면 됩니다. 의인화를 하지 말라는 사람들이 "개에 대해 잘 알지 못하면서 무조건 예뻐만 해서 그게 잘못되었다."라고 하면 될 것을 말입니다. 의인화를 하지 말자고 하니 답답하기도 합니다. 개다움을 강요하는 사람들이 있습니다. 그런 사람 중에 자꾸 개를 사람보다 못한 하등동물처럼, 개를 사랑하지 않는 것처럼 느끼게 하는 단어, 복종, 서열, 강압, 처벌을 사용하니 거부감이 생기는 거 같습니다.

"개는 개다."
"개로 대한다."

틀린 말은 아닌데 자꾸 지능이 낮은 동물이니 막 대해도 괜찮다고 들리니 저의 마음이 삐딱한가 생각이 들기도 합니다.

질문　인간도 유형 진화한 동물일까요? [YES, NO]
YES라고 하네요.

유형진화란?[2]

조상의 유기 때의 형질이, 자손에게는 성체의 형질이 되어가는 진화를 말한다. 유형성숙[neoteny]이 대표적인 것으로, 유기에만 나타나는 형질이 자손 생물의 성체 형질이 되는 경우이다. 예를 들면 강아지 때도 놀기 좋아하지만, 성견이 되어서도 놀기 좋아하는 것을 말합니다.

———

2　두산백과

8. 어디 출신이니?

입양을 고려하는 분이라면, 꼭 어미 개를 보는 것이 좋습니다.

둘째 앙리는 부산에서 유기되어 구조된 아이입니다. 푸들 중에는 덩치가 큰 편이라 입양 문의가 없던 차에 입양을 결정해서 2년 넘게 같이 생활하고 있습니다. 저희 부부는 딸처럼 예뻐합니다. 무엇보다, 저와 함께 강의에도 참석해 강의실을 자기 집처럼 돌아다닙니다. 많은 분이 사랑해주고 있습니다.

반려견은 최소 10년에서 20년 가까이 우리와 생활합니다. 비용도 들고요. 오랜 시간 함께 할 반려견을 어디에서 입양하는 것이 좋을까요?

전문 사육사, 동물보호소, 애완동물 가게, 가정 분양 등이 있습니다. 강아지는 태어나서 2주 정도가 되면 눈을 뜹니다. 3주 후에는 귀가 열리고요. 눈을 뜨기 전에는 코와 온도로 어미 개의 젖을 찾습니다. 이때는 오로지 따뜻함과 어미 개의 젖을 찾는 것이 일입니다. 동시에 동배 형제들과 경쟁을 하며 젖꼭지를 찾습니다.

어미 개는 강아지의 배변을 유도하고, 깨끗이 치우며 강아지를 위한 헌신적 사랑을 합니다. 이때 어미 개의 성격이 온순하고 희생적이라면, 강아지들도 이때부터 어미 개의 성격을 닮아 가며, 반대라고 한다면 강아지들은 예민하게 자랄 가능성이 있습니다. 입양을 원하는 분이라면, 꼭 어미 개를 보는 것이 좋습니다.

전문 사육사, 가정 분양의 경우 어미 개를 볼 수 있습니다. 하지만, 애완동물가게의 경우 어미 개를 볼 수 없으므로 신중하게 선택해야 하는 이유입니다. 직접 가서 보아야 합니다. 사람에게 얼마나 다정한지, 강아지를 어떻게 대하는지. 짖음이 많은지 등.

또한, 동물보호센터에서 입양을 추천합니다. 선입견을 버리고, 나의 성격, 생활양식, 환경 등을 고려해 상담한 후, 몇 번을 보신 후 결정하신다면 정말 나와 찰떡궁합의 강아지를 입양하실 수 있습니다.

동물보호단체들은 열악한 환경에서도 유기 동물을 구조해서 입양을 보내고 있습니다. 봉사자들의 도움을 받고, 후원으로 운영되고 있습니다. 버려진 강아지들을 구조하는 훌륭한 일을 하고 있습니다.

동네에 국내 최대 대형 할인점에도 애완동물 가게가 있습니다. 마음이 아프지만, 가게를 지날 때마다 강아지들에게 괜한 기대를 하게 할까 봐 걸음을 빨리해 자리를 뜹니다. "우와! 너무 예뻐."라고 느끼는 감정으로 강아지를 입양한다면 후회할 수 있습니다.

9. 닮은 거 같네요

"자신을 알아가고, 자신을 이해하는 또 다른 거울"

사소한 행동, 습관, 쾌활하고 사교적인 성격(또는 반대로 조심스럽고 경계하는 성격), 심지어 외모까지 보호자를 닮아 가고 있을지 모릅니다. 어쩌면 입양을 결정할 때 이미 자신의 모습이 담긴 강아지를 입양했을지도 모릅니다. 곁에 있는 강아지를 잘 살펴보세요. 나 또는 내가 원하는 나를 발견할 수도 있으니까요.

저희 부부가 산책할 때 종종 만나는 정말 유머러스한 보호자가 있습니다. 강아지는 검정 래브라도 레트리버인데요. 성격이 너무 닮고, 옷도 검은색으로 색상을 맞춘 보호자를 마주할 때면 그냥 웃음이 저절로 나옵니다.

종종 보호자들과 이야기를 하다가, 보호자의 성격이나 외모가 강아지와 비슷한 느낌이 든다고 하면 다들 크게 웃으며 좋아하는 모습을 보입니다.

비반려인이 이 대화를 듣고, 표정을 본다면, "정신 나간 사람들 아냐?" 할지도 모릅니다.

자주 보는 미남이라는 갈색 래브라도 레트리버 강아지를 보고,

"미남이는 아빠 닮아서 잘 생기고 씩씩하다."라고 했더니,

미남이 엄마께서

"절대 아빠한테 그런 이야기 앞에서 하지 마세요. 진짜인 줄 알아요!" 하셔서 크게 웃은 기억이 있습니다.

골든 랩, 아리를 보고,

"아리는 엄마를 닮았네."하고 말했더니, 수줍은 미소를 지어 보이는 엄마 분도 있고요.

래브라도 레트리버, 복덩이에게

"복덩이는 누굴 닮았지?"

"엄마, 아빠 반반 닮았네." 했더니, 크게 웃으며, 서로 아니라고 우기시는 부부가 있습니다. 정말 행복해합니다.

강아지들은 우리의 모습을 똑똑히 비추고 있습니다. 마음을 연 사람에게 많은 깨달음과 변화를 안겨 줍니다. 강아지는 정직합니다. 강아지들은 꾸밈 없고, 직선적이어서 사람과 달리 속일 줄을 모릅니다. 물론 염색을 하고 미용을 해서 꾸미기도 하지만 그건 강아지의 선택과 결정이 아니었으니까요. 그것 또한 우리 사람의 마음일 뿐이니까요.

강아지가 우리에게 보여주는 행동들을 정확하게 이해할 수 있다면, 우리 자신과 직면할 수 있습니다. 우리가 나누는 말과 행동, 강아지들의 몸짓, 표정, 서로 다른 두 종은 상호작용을 하며, 서로 사랑하고 신뢰하게 되니까요.

이보다 순수한 사랑과 100%의 믿음이 존재할까요. 강아지를 더 잘 이해하게 된다면 자신에 대해서도 문득 깨닫게 될 것입니다. 그런데 잘 모르고 지나갑니다. 어느 날 갑자기 느끼는 거죠. 강아지가 얼마나 소중한지, 내가 얼마나 소중한지.

인간의 가장 친한 친구, 스스럼없이 강아지와 교감을 통해, 다른 사람, 다른 동물, 또 모든 생명체에게 가져야 할 우리의 책임감을 알게 되고, 공감할 수 있게 됩니다.

10. 마음의 반창고

　외로움, 상처, 우울, 마음이 아픈 사람이 많습니다. 지금보다 조금이라도 더 나은 삶을 살고 싶고, 완전히 다른 삶을 살고 싶다면 강아지와 지내보세요. 지치고 힘들 때 얼굴만 봐도 편안해지는 강아지를 만나면 많은 것을 느낄 수 있습니다. 즐겁고 행복하고 신나는 생활을 할 수 있습니다. 자신을 100% 신뢰하는 평생 친구처럼 가족이 될 수 있습니다.

　세상에 오직 하나뿐인 나의 강아지를 만나 생활하는 것은 그야말로 신비로운 삶이 될 수 있습니다. 자신의 성격, 취향에 따라 반려동물을 입양하시면 됩니다.

　강아지의 경우 차이는 있지만, 발랄합니다. 애교도 넘치고요. 사랑을 주는 만큼 강아지도 사랑과 믿음을 주니까요. 강아지의 작고 순수한 눈, 까만 코, 분홍색 혀, 쫑긋하거나 처진 귀, 솜사탕 같은 털, 자기도 모르게 "와! 너무 예뻐!" 소리가 저절로 나옵니다.

　그런데 겁을 좀 드리자면, 강아지의 경우 사람이 해야 할 일들이 몇 가지 있습니다. 일단 산책을 매일 시켜주어야 하고요. 밥도 챙겨야 하고요. 대소변도 치워야 합니다. 병원도 데려가 예방접종 해야 하고요. 간식도 사주어야 합니다. 스트레스 해소를 위해 반려견 놀이터도 데려가 주어야 합니다. 혹시 아플지 모르니 보험이나 적금도 들어 두어야 합니다. 친구도 만들어 주어야 하고요. 이런 것들을 다 챙기려면 친구들과 약속은 미루어야 하는 경우가 생길 겁니다. 어쩔 수 없는 상황이 생기면 호텔링, 유치원을 보내야 하고요.

그 외에 예상할 수 없는 사고가 생기면, 아이를 안고 병원에 달려가야 할 수도 있습니다. 강아지가 침을 흘리다 옷에 묻을 수 있고요. 집에 있는 신발이나 핸드백을 물어뜯을 수 있습니다. 어떤 강아지는 소파나 벽지, 장판, 전기선을 잘근잘근 씹기도 합니다. 배변 치우다 손에 묻을 수 있습니다. 잘못하면 강아지에게 물릴 수도 있고요. 강아지가 짖어서 민원이 들어오면 허리 구부리며 "죄송합니다." 하며 사과해야 할 때도 있고요. 별이 될 때까지 책임을 져야 합니다.

이러한 것들을 하면서 지내다 보면, 힘들고, 아프고, 지친 삶에서 외로울 시간이 없을 겁니다. 자연히 외로움도 사라질 거고요. 기쁨과 행복으로 채워진 시간을 보내게 될 겁니다. 강아지는 자기 삶을 사랑합니다. 우리도 우리 삶을 사랑하게 됩니다. 우리의 슬픔을 기쁨으로 바꾸어주는 재능을 가졌습니다.

많은 연구 자료에 의하면, 반려동물과 살아가면서 교감하면 마음의 반창고가 된다고 합니다. 우리 신체에 많은 변화가 온다고 합니다. 혈압을 낮추고, 면역 체계를 강하게 해준다고 합니다. 옥시토신이라는 호르몬이 분비되고, 스트레스 호르몬의 생성을 억제함으로써 안정감과 편안함을 느낄 수 있도록 하고요. 천연 진통제 역할을 하는 베타 엔도르핀[Beta-endorphin]과 보상과 사랑의 호르몬, 도파민[Dopamine]의 농도가 높아진다고도 합니다. 또한, 강아지와의 신체접촉은 행복을 느끼게 하는 세로토닌의 분비를 자극한다고 합니다.

작가인 엘리자베스 M 토마스에 의하면 동물과 눈을 보고 교감하는 가장 좋은 방법은 동물이 다른 모습을 한 사람이라고 생각하는 것이라고 합니다.

저도 동의합니다. 필립이와 앙리의 눈을 보며 "예뻐요! 예뻐 죽겠어요!"
라고 말하곤 합니다.

강아지나 사람이나 사회적 동물이니 혼자보다 둘이 함께 있는 것에
마음이 훨씬 편해지지 않을까요?

둘.

사랑

-

울 강아지 엉덩이춤 추게 하는 엄마·아빠

11. 우리 가족 성격 파악 끝, 나의 외모면 만사형통

이젠 슬슬 나의 성격을 드러내 볼까?

입양 후 몇 주가 지나고 나면 강아지 외모에 반해 포로가 된 가족. 강아지는 타고난 관찰자입니다. 강아지가 집에 온 후 처음 며칠 동안 관찰을 멈추지 않습니다. 낯설기도 하고 불안도 했지만, 이제는 우리 가족 성격 파악이 끝났습니다. 가족들의 생활 방식, 목소리에서의 감정, 어떻게 하면 간식과 이쁨을 받을 수 있는지를 정확히 알고 있습니다.

"아빠는 아침에 출근하고 저녁에 오니 퇴근할 때 꼬리 치며 달려가면 안아주고 뽀뽀해준다. 엄마는 아침에 일어나 나의 대소변을 치우고, 밥을 준다. 가끔 '안 돼' 소리를 내지만 무슨 표현인지 모르겠다. 언니, 오빠는 관찰 중이라 잘은 모르지만, 곁에 가면 이쁘다고 안아준다. 옆에 가서 꼬리치고 핥으면 간식이 떨어지고, 이쁘다고 칭찬해 주니 정말 신난다. 어미 개와 떨어지고, 형제들과 놀지 못하는 것이 아쉽기는 하지만, 지금 가족과 사는 것도 나쁘지 않다.

식사 시간에 형제들이 없어 경쟁도 없으니 편하게 먹을 수 있다. 때때로 장난감을 주니 심심하지 않고, 맛난 뼈 간식도 풍부하니 부러울 것이 없다.

쉬거나 잘 때는 푹신한 내 침대도 있고, 엄마 아빠의 침대, 누나의 침대도 사용할 수 있으니 만사형통이다. 이게 다 나의 외모 덕분이다.

강아지 형제들과 놀 때처럼 이빨을 써도 가족이 "아, 따가워." 하면서도 오히려 좋아한다. 온 가족의 손, 팔, 발, 허벅지가 재미난 나의 장난감이 된 거 같아 좋다."

이렇게 자란 강아지들은 대부분 점차 다루기 힘들어지고 버릇없는 반려견이 될 수 있습니다. 규칙 없는 생활을 하는 강아지들의 경우, 간식, 장난감, 소파, 침대, 가족의 관심과 접근까지 모든 것에 대해 소유권을 주장할 수 있습니다.

규칙을 만들어 주세요.

강아지는 입으로 사람의 신체를 건들지 말아야 합니다.

무엇을 얻을 때는 항상 얌전히 앉아 있어야 합니다.

* 강아지에게 놀자고 하는 법

어떤 강아지는 강아지와 노는 것을 좋아하기도 하지만, 어떤 내성적인 강아지는 엄마 아빠와 함께 추적 놀이를 하는 것을 좋아하기도 합니다. 이때 소리를 내면서 허리를 굽히고 강아지에게 달려가는 모습으로 강아지에게 놀이를 유도할 수 있습니다. 강아지 운동장에서 강아지들 간에 놀자는 모습을 유심히 관찰한 후 우리 강아지에게도 시도해 보세요. 다른 사람이 없는 곳, 집에서 먼저 해보세요. 외부에서 이 동작을 하는 경우 사람들이 이상하게 쳐다볼 수 있습니다.

12. 리더가 아니라 아빠·엄마

강아지는 많은 것을 직감으로 감지합니다. 본능적으로 자신을 진심으로 사랑하는 사람을 알아봅니다. 많은 반려견 관련 책을 보면 훌륭한 리더가 되어야 한다고 합니다.

훌륭한 리더가 아니라 평생 책임지며 다정다감한 부모와 같은 보호자가 되면 어떨까요?

"강아지는 가족이다."라는 마음에서 출발했다면, 강아지에 대해 더 많이 공부해야 하며, 관찰하고 이해함으로써 강아지와의 생활이 우리에게 어떤 감정을 가지게 하는지, 사랑으로 충만한 강아지와의 생활이 얼마나 행복한지 느낄 수 있어야 합니다. 단순한 명령어와 동작을 가르치는 것을 넘어, 교육을 통해 강아지와 신뢰와 교감을 가질 수 있어야 합니다.

강아지를 단순한 동물로 접근하면서 생기는 무조건적인 복종을 강요하거나 억압하는 훈련으로 다시는 희생되는 강아지가 생기지 않기를 바랍니다.

서열을 잡아야 한다는 이유로 많은 강아지가 상처받고, 서열과 폭력의 희생양이 되고 있습니다. 잘못된 인식과 훈련 방법은 사랑스러운 우리 강아지들을 오히려 흥분하고, 좌절하게 만들면서 더욱 예측 불가능한 시한폭탄 같은 무서운 털북숭이로 변해가게 만들 수 있습니다.

아직도 개를 늑대에 적용하여 훈련시키며, 서열과 '알파 늑대' 이론과 같은 것들이 가장 효과적이며 맞는 방법이라고 생각하는 사람이 많습니다. TV에 초크 체인을 들고나와 대형견과 소형견을 불문하고 훈련하는 모습을 보고 있으면 안타깝습니다.

서열과 복종이란 단어에 집착하여 무슨 개들과 전쟁을 치르듯 겁을 주고 폭력을 행사하고 있습니다. 또한, 그것이 맞는 방법인지에 대한 고민 없이 많은 보호자가 위탁 훈련을 맡기고, 유튜브에 나오는 데로 따라 하고 있습니다. 누구를 위한 훈련인지 다시 한번 생각해봐야 하지 않을까요.

우리가 강아지와 왜 사는지, 무엇을 얻고 싶고, 어떻게 살고 싶은지를 묻고 물으며 지내야 합니다. 그리고 강아지를 위해, 우리를 위해 무언가를 해야 합니다. 그 시작은 이해하려고 관찰하고, 책을 찾아보고, 전문가의 조언을 듣는 것입니다. 처음 강아지와 생활하는 가족이라면, 안 해 봤으니, 익숙하지 않으니 당연히 불편하고 귀찮을 수 있습니다.

개보다 서열이 높아서 무엇을 얻을 수 있을까요. 얻는 것은 고작 명령에 복종하고, 자신의 감정을 숨기는 불쌍한 기계와 같은 강아지를 만드는 것뿐입니다.

강아지에게 관심을 주면 반응을 보입니다. 또한, 강아지가 사람에게 집중하면 사람도 강아지에게 반응을 보입니다. 이렇게 관심과 반응이 상호작용을 하여 신뢰와 애정이 쌓이면 꿈꾸던 강아지와의 생활이 우리에게 다가올 것입니다.

강아지들이 원하는 것은 관심과 사랑, 함께 무언가를 하는 것, 그 이상도 이하도 아닙니다.

강아지와 생활하는 행복한 가정에서는 누구 때문에 이렇게 말을 잘 듣는지, 예쁘게 생긴 외모도 나를 닮았다고 우기곤 합니다. 좋은 것은 엄마를 닮았다고, 나쁜 것은 아빠를 닮았다고 하면서 중요하지 않은 것을 중요한 것처럼 행복한 부부싸움을 합니다.

● 항문낭

가끔 바닥에 강아지들이 엉덩이를 비빕니다. "똥 스키"라고 부르기도 하는데요. 항문 양옆에 항문낭이 있는데, 강아지 특유의 비릿한 냄새가 나는 곳입니다. 냄새와 항문낭 염증의 원인이 되기 때문에 정기적인 관리가 필요합니다. 주로 소형견이 필요합니다. 대형견의 경우 적절한 산책과 운동을 하면 대변을 볼 때 같이 나오는 경우가 많습니다.

강아지를 움직이지 않게 한 상태에서 한 손으로 꼬리를 직각으로 올립니다. 다른 한 손은 휴지로 항문을 덮고, 항문의 조금 아래에 8시 방향[엄지]과 4시 방향[검지]에 손가락을 두고 아래에서 항문 쪽으로 밀어 올립니다. 2~3회 반복해서 짜 주고, 항문 근처의 항문낭 액을 깨끗이 닦아 줍니다.

13. 엄마·아빠, 최고!

강아지를 training이 아니라 teaching의 마음으로 대해주세요.

이 세상 어디에도 보호자보다 자신의 강아지를 사랑하는 사람은 없습니다. 누구도 보호자를 대신해서 강아지에게 사랑을 주지 않습니다. 지금까지 대형견은 위탁 훈련소에 보내야 한다는 편견과 개는 훈련사가 훈련해야한다고 오해하고 있었습니다. 아주 특별한 경우가 아니라면 직접 교육해야합니다. 보호자가 강아지의 언어를 이해하고, 감정을 알고, 믿는다면, 자신과 생활하는 반려견에게 최고의 선생님이 될 수 있습니다. 동물 세계에서는 주로 부모가 선생님입니다. 어미 개와 같이 산다면 어미 개가 최고의 선생님이겠지만, 지금은 보호자가 선생님이 되어야 합니다.

주위에서 간식 주머니를 허리에 차고 직접 자신의 반려견을 교육하시는 보호자를 봅니다. 누구보다 자신의 반려견에 대해 많이 알 수 있으며, 관찰도 할 수 있습니다.

이 세상에 완벽한 사람은 없습니다.
결국, 완벽한 강아지도 없지 않을까요.

반려동물과의 생활은 부족한 부분을 서로 보완하며 이해하는 것입니다. 우리 강아지가 어쩔 수 없이 교육이 필요하다면 훌륭한 전문가에게 교육받고 싶어 하실 텐데요. 그렇다면 어떻게 좋은 훈련사와 나쁜 훈련사를 구별할까요.

1. 좋은 훈련사

① 긍정 강화 교육을 하는 훈련사,
   즉 원하는 행동을 하면 먹이나 장난감을 이용해 강아지에게 보상한다.
② 강아지의 건강을 위해 목줄이나 하네스를 사용하며,
   사용하라고 권한다.
③ 교육 방법 및 이론을 차분히 설명하고,
   강아지 성격과 기질에 맞는 방법을 사용한다.
④ 교육 기간, 교육 시 일어날 수 있는 상황들을 설명해 준다.
⑤ 보호자에게 강아지의 교육 참관을 권한다.

* 훈련사의 인내심, 공정함, 일관성, 감정 조절 등을 파악하는 것도 중요합니다. 강아지를 존중하는지, 강아지를 단순히 돈을 버는 수단으로 보는지도 중요하고요. 주위의 평판이나 교육받은 경험이 있는 보호자에게 문의해보는 것도 좋은 방법입니다.

2. 나쁜 훈련사

① 소리를 자주 지르고, 리드 줄을 확 잡아당기며,
   강아지를 학대하는 행동을 한다.
② 뿔 목걸이[Prong collar],
   초크 체인을 사용하며 또 사용하도록 권한다.
③ 훈련하는 동안 보상으로 간식이나 장난감을 사용하지 않는다.
④ 보호자와 강아지에게 겁을 준다[강압적인 분위기, 목소리].

제가 운영하는 "위드 도로시"에는 초크 체인을 사용하는 고객은 입장하지 못하고, 입구에서 목줄이나 하네스로 교체하도록 하는데요. 강아지를 가족으로 여기고 진심으로 사랑한다면, 나에게 사용해도 무방하고 사람 아이에게 사용해도 괜찮은 방법 및 도구를 사용해야 한다고 생각합니다.

14. 서로를 느끼는 리드 줄

강아지와 연결된 리드 줄. 어떤 의미일까요?

하네스 또는 목줄과 연결된 리드 줄은 강아지와의 소통과 이해의 줄이어야 합니다. 너무 짧은 리드 줄은 아닌지, 확확 채지는 않았는지, 강아지의 감정을 느껴보셨는지요?

리드 줄은 강아지의 안전을 지켜주는 생명줄이기도 합니다.

우리 손과 연결된 리드 줄은 소통과 이해의 줄이기도 합니다.

서로 신뢰와 믿음의 줄이어야 합니다. 리드 줄을 통해 강아지들의 심장이 뛰는 소리를 느낄 수 있습니다.

강아지들은 자유의지를 가진 생명체이기에, 어떤 경우에는 본능적으로 움직입니다. 달려가는 오토바이, 자전거, 아이들, 고양이에게 달려가려고 합니다. 물론 사냥 본능, 추적 본능일 수 있습니다. 놀이 본능이기도 합니다. 강아지들은 달리고 노는 것을 좋아합니다.

만약 리드 줄에 신뢰와 믿음, 소통과 이해가 없는 통제의 줄로 인식되어 있다면, 강아지들은 하네스나 목줄을 거부할 겁니다. 물론 강제로 채울 수 있습니다. 소형견의 경우에는 쉽게 힘으로 제압할 수 있으니까요.

최근에 종종 질문받는 것 중 하나가, "건널목에서 강아지가 리드 줄을 물고 이리저리 흥분해서 뛰는데 어떻게 해야 하나요?"라는 질문입니다. 지금까지 강아지에게 리드 줄이 어떤 의미였는지 생각해 보시라 권합니다.

힘으로 리드 줄을 당겨 통제하지 않았나요. 목소리를 크게 해서 겁을 주지 않았나요. 강제가 들어간 목줄 또는 하네스와 연결된 리드 줄은 그저 자기를 구속하는 통제의 줄일 뿐입니다.

강아지의 숨소리를 느끼려고 노력해보세요. 강아지가 무슨 이야기를 하려는지 들으려고 노력해야 합니다.

"지금 엄마 겁나요?"

"아빠, 로드워크 지겨워요."

"엄마, 쉬다 가요."

강아지들의 의사를 알려면 리드 줄로 연결된 손을 통해 강아지의 숨소리와 에너지를 느껴야 합니다. 힘으로 강아지를 잡아당기지 말아 주세요.

"엄마, 아프다고요."라고 말하고 있을지 모릅니다.

"아빠, 여기 다른 친구의 냄새가 나요. 잠시만 냄새 맡을게요."

시간을 주어야 합니다. 강아지가 스스로 선택해서 다시 편안한 산책을 하도록 해주세요. 강아지를 입양했다면 그에 따른 책임과 의무가 생깁니다. 그중 하나가 강아지를 이해하고, 편안한 산책을 하도록 교육하는 것입니다. 리드 줄이 축 늘어져 있을 때 강아지는 편안합니다.

다른 강아지와 인사를 시킬 때, 사고가 날까 봐 리드 줄을 팽팽하고, 짧게 잡는 경우가 많이 있습니다. 사고를 걱정한다면 인사를 시키지 말아야 합니다. 목과 등 뒤에 리드 줄이 팽팽하면 강아지들도 긴장하고 경계하게 됩니다.

강아지의 성격과 기질을 안다면, 인사를 할지 말지를 결정해야 하고, 인사하기로 했다면 리드 줄이 느슨하고 편안한 상태에서 강아지가 인사하도록 해 주어야 합니다.

강아지가 지나가는 다른 친구 강아지에게 이런 말을 할지 모릅니다.

"우리 아빠, 엄마는 최고야!"

"내가 무슨 생각을 하는지 잘 알아."

"너는 어때?"

15. 감출 수 없는 나의 목소리, 교육에 영향을 줄까?

"오글거리는 목소리. 경상도가 고향이라, 못하겠어요."
"몸무게 100kg의 아빠, '냠냠'을 아이 톤으로 부르니, 강아지가 총알처럼"

건장하고 멋진 근육을 가진 아빠가 강아지와 놀아줍니다. 이름을 부르고, 전문가처럼 목소리를 자유자재로 이용해 교육하는 모습에 깜짝 놀랐습니다. 아빠가 이렇게 교육해 주는 강아지는 얼마나 행복할까요.

강아지는 타고난 관찰자인데요. 오감을 이용해 우리를 정확히 파악하고, 행동을 관찰하여 예측할 수 있는 능력을 갖추고 있습니다. 이 능력 덕분에 우리의 침대 위로 올라와 같이 잠을 자고 휴식을 취하는 동물입니다. 아마도 강아지와 고양이뿐일 겁니다. 그렇다면 반대로 우리는 얼마나 관찰하고 있을까요. 우리는 얼마나 이해하고 있는지 자문해봐야 합니다. 이해라는 것은 책을 읽어 지식을 가지고 있다고 되는 것은 아닌 거 같습니다. 이해했다면 소리 없이 행동으로 실천해야 합니다.

강아지는 우리의 몸짓과 목소리 톤과 악센트를 이용해 우리의 감정을 이해하고 있습니다. 목소리를 이용해 즐겁게 교육해보세요. 아이들이 신나할 겁니다. 훨씬 집중도 잘 할 거고요. 아이들이 속으로 '엄마·아빠가 달라졌네!' 하며 좋아할 겁니다.

동물행동학자이자 훈련사인 패트리샤 맥코넬[Patricia Mcconnell]박사는 행동을 장려하기 위해서는 짧고 반복적인 소리를, 행동을 제지 또는 단념시키기 위해서는 하나의 단음 소리를 사용하라고 했습니다.

응원하고 격려하는 지시어를 사용한다면, 즐겁고 쾌활한 톤과 뒤쪽을 올리는 악센트를 이용해야 합니다. 행동을 제어할 때는 목소리 톤을 낮게 하는 것이 좋습니다.

예를 들어 이름, 이리 와, 돌아, 스핀, 가자, 칭찬하는 단어에는 즐거움이 묻어 나오는 '파'나 '솔' 톤을 사용하는 것이 좋습니다. 이때 우리의 기분도 좋아집니다. 말을 타는 기수들의 응원하고 격려하는 목소리와 제어하는 목소리를 관찰하면 잘 알 수 있습니다.

'이리 와'라고 한 후, 달려오는 강아지에게 손뼉을 치거나, 높은 톤으로 '옳지' 하면 더 빠르게 오게 할 수 있습니다.

제지나 단념시킬 때는 짧은 단음 소리를 크게 내는 것이 좋습니다. '헤이!', '노[no]', '안 돼' 등으로 멈추게 할 수 있습니다.

요즈음은 드라마에서나 볼 수 있지만, 과거 소로 농사를 지을 때 "워어~~" 하고 속도를 줄이거나 멈추게 할 때 사용했습니다. 반대로 빨리 움직이게 할 때는 "이랴, 이랴"라고 높은 톤을 사용했고요. 제어하는 동작 또는 행동을 지시하는 명령에는 사랑이 묻어나는 낮고 긴 톤과 악센트를 사용하면 강아지들이 빨리 진정되고 안정될 것입니다. 예를 들면 앉아, 엎드려, 서, 기다려, 놔둬, 안 돼 등의 단어는 낮은 '레' 톤을 이용하는 것도 좋은 방법입니다.

나의 목소리는 바꿀 수 없지만, 톤은 조금 과장해서 연습하면 할 수 있습니다. 잘하는 사람도 있고, 어색해하시는 분도 있습니다. 그런데 이렇게 칭찬과 격려를 자주 하고 연습하면, 강아지와의 관계뿐만 아니라 사람과의 관계에서도 좋은 영향을 주는 거 같습니다.

16. Good boy! Good girl!

건강한 강아지,

영혼이 자유로우며 나를 믿고 따르는 강아지,

꿈꾸던 강아지.

모든 강아지가 good boy! good girl! 될 수 있습니다. 눈높이를 조금만 낮추면 됩니다.

믿고 기다려 주면 우리의 강아지들은 어느 순간에 그 위치에 와 있습니다. 조급해하고, 불안해하지 말아 주세요. 많은 보호자가 자신과 생활하는 강아지를 믿지 못합니다. 리드 줄을 짧게 잡고, 먼저 불안해서, 그 감정이 고스란히 강아지에게 전달되고, 강아지는 리드 줄을 끌고, 물고, 짖고, 흥분하는 경우가 정말 많습니다.

어떻게 하면 될까요? 칭찬할 때 진심으로 칭찬하고요. 벌을 주고 싶을 땐 그냥 무시하고요. 착한 행동을 하는 강아지로 만들기 위해서는 다섯 가지를 명심해야 합니다.

첫째, 타이밍이 정말 중요합니다[칭찬과 벌 모두].

강아지는 네발로 움직이는 동물입니다. 네발이 땅에 닿고, 냄새 맡고 세상을 파악합니다. 그래서 집 밖으로 나오면 아이들이 흥분합니다. 매일 산책을 하는 아이들은 그래도 덜 흥분하지만, 산책이 부족한 강아지들은 너무 좋고, 신기하니 흥분할 수밖에 없습니다.

제일 중요한 것은 이럴 때 힘으로 통제하기보다는 보호자에게 집중하도록 교육하는 것입니다. 결국, 이름에 대한 반응이고요. 그리고 흥분할 때 얌전히 기다릴 수 있는 "앉아"와 "앉아-기다려" 교육을 해 주어야 합니다.

이름을 부를 때는 동시에 칭찬할 준비를 해야 합니다. 고개를 돌리는 순간이 칭찬의 타이밍이고요. 우리 쪽으로 걸어오거나 달려오는 순간에도 손뼉을 치거나 기분 좋은 목소리로 칭찬을 해 주어야 합니다.

앉을 때는 뒷다리가 내려가고 엉덩이가 땅에 붙으려는 순간이 칭찬의 타이밍입니다. 간식을 줄 때도 재빠르게 손바닥으로 살며시 밀면서 간식을 주어야 합니다. 타이밍이야말로 교육의 효과를 극대화할 수 있는 중요한 열쇠입니다.

둘째, 행동을 요구하거나 신호를 줄 때는 일관성이 있어야 하며, 분명해야 합니다.

어떤 보호자는 이름을 부를 때 "필립", "필립아", "필립이" 등 같은 강아지를 다양한 이름으로 부르곤 합니다. 강아지가 헷갈릴 수 있습니다. 가족 모두가 같은 이름, 같은 톤으로 하면 훨씬 빠른 반응을 보일 겁니다. 명령어를 할 때도 "앉아"라고 했다면, 다음부터는 명령어 앞뒤에는 아무것도 넣지 않고, 같은 단어, 톤으로 해 주어야 합니다.

셋째, 예측하지 못하도록 강화의 비율을 조절해야 합니다.

집에서는 잘하는데 밖에만 나오면 말을 안 듣는다고 하는 보호자들이 많습니다. 환경에 따라, 감정에 따라 명령어에 집중하지 못할 수 있습니다. 인내심을 가지고, 믿고 기다리시면 아이들은 분명히 잘 따라 합니다. 간식이 있으면 너무 잘하는데 간식이 없으면 안 한다고 이야기하는 보호자도 많습니다. 간식을 간헐적 보상으로 바꾸어주어야 합니다.

넷째, 동기 부여가 적절해야 합니다[예: 간식, 만져주기, 장난감, 놀이 등].

타이밍이 전부라고 했지만, 강아지가 재미있고, 즐겁게 교육에 참여하도록 유도해야 합니다. 강아지마다 좋아하는 것들이 조금씩 차이가 있습니다. 강아지마다 좋아하는 것을 준비해서 교육할 때 이용하시면 좋습니다. 예를 들면, 필립이는 간식, 앙리는 소리 나는 장난감을 좋아합니다.

다섯째, 강아지의 성격과 기질을 파악해야 합니다.

강아지마다 성격과 기질은 다릅니다. 따라서 개체별로 맞추어 교육을 해주어야 합니다. 예를 들어, 소심하고 무서움을 타면, 먼저 조용하고 한적한 곳에서 교육을 해 주어야 하고요. 자신감을 느끼도록 과하게 칭찬을 해주고요. 아이가 외향적이고 흥분하는 성격이라면, 칭찬은 조용히 해주는 것도 방법입니다.

보상의 방법은 강아지마다 조금씩 다를 수 있습니다. 자신의 강아지를 가장 많이 아는 보호자가 강아지에게 알맞은 보상 방법을 찾아야 합니다. 교육이 재미있고, 즐겁고, 신나야 한다는 것입니다.

필립이가 반려견 놀이터에서 친한 친구들과 놀 때, 흥분해 정신없이 이리 뛰고 저리 뛰고, 멋진 털을 휘날리며 달리는 모습이 아름답지만, 너무 흥분했다 싶으면 잠시 불러, '앉아-기다려'를 시키곤 합니다.

'아빠. 왜요? 좀 더 놀면 안 돼요?'라는 간절한 눈빛으로 쳐다보고, 안절부절못하고, 낑낑대기 직전에 '오케이'하고 다시 놀도록 합니다.

흥분을 조절하고, '앉아-기다려'에 대한 보상으로 다시 놀게 해 주었습니다.

강아지들에게 그 순간에 제일 적절한 보상 방법을 찾는 것은 보호자의 몫입니다.

조작적 조건화[Operant conditioning]란?

외부 자극에 대한 능동적인 반응에 대해 강화 또는 처벌이 주어지면 같은 상황이 됐을 때 같은 행동을 취할 확률이 높아지게 됩니다. 이것을 조작적 조건화라 합니다.

자극 – 반응 – 강화[보상]

17. 평범한 강아지

반려견 행동 전문가, 훈련사라고 하지만, 반려견 필립이와 앙리는 아주 평범한 강아지입니다. 종종 앙리와 수업을 하는 경우가 있는데, 천방지축 여기저기 냄새 맡고 다닙니다. 그러다 자기 예뻐해 주는 분이 있으면, 그 밑에서 잠을 자기도 하고요. 장난감 달라고 가방을 발로 차고, 끌기도 합니다. 그래도 저는 부끄럽지 않습니다.

강아지 교육이 왜 필요할까요?
저는 자유를 얻기 위해서 교육이 필요하다고 생각합니다.
강아지와 가고 싶은 곳이 있는데 말썽꾸러기라면 갈 수 없는 곳이 있으니까요.
산책도 마찬가지입니다. 산책을 여기저기 다양한 곳에서 시켜주고 싶은데, 썰매 개처럼 끌기만 하면 산책이 아니라 무슨 팔 운동을 하는 것 같으니까요. 해변을 가도 리콜이 안 되면 풀어 놓을 수도 없고요. 반려견 동반 식당을 가더라도 흥분해서 날뛰면 식사를 하는 건지 마는 건지, 정신없이 시간을 보내게 되니까요.
자유를 얻기 위해서는 먼저 사람과 강아지가 서로 신뢰해야 합니다.

"엄마·아빠가 옆에 있으면 무섭지 않아. 알아서 해 줄 거야."
"엄마·아빠가 알아서 뼈 간식을 줄 거야."
"굳이 내 것이라고 주장할 필요 없어."

서로 믿는다면 그다음부터 교육은 쉽게 할 수 있습니다.

어느 정도까지 교육이 필요할까요? 저는 흥분 조절 능력만 있으면 된다고 생각합니다. 강아지는 신나서 흥분할 수 있습니다. 하지만 곧 흥분을 가라앉히고 평정심을 찾는다면 문제없습니다. 그래서 저는 이름에 대한 반응과 '앉아', '기다려'가 제일 중요하다고 생각합니다. 습관적으로 해야 합니다.

모든 강아지가 천재일 필요는 없습니다. 가족과 함께 지내는 데 불편함만 없으면 되는 거 아닌가요. 군인도 아닌데 각측 보행을 하고, 모든 동작을 완벽하게 할 필요도 없고요. 프리스비를 할 필요도 없고요. 나이 들면 강아지 관절에도 안 좋고, 치아에 문제가 생길 수도 있으니까요. 그저 곁에서 흥분만 조절할 수 있으면 된다고 생각합니다.

쉽지 않습니다. 강아지가 너무 예뻐서 손이 무의식적으로 나가고, 자꾸 만지게 되고, 만지다 보면 뽀뽀하게 되고, 그러다 보면 교육이 안 될 수 있습니다.

하지만 무슨 상관있습니까? 그래도 가족인걸요.

18. "괜찮아. 친구 없으면 어때. 엄마·아빠가 있잖아."

사람도 나이 들어 새롭게 친구를 사귀는 일은 어렵습니다. 새로운 사람들을 만날 기회조차 많지 않고요. 그런데 강아지와 생활하는 보호자들은 왜 이리들 친구를 만들어 주고 싶어 하는지 모르겠습니다.

다른 강아지나 사람에게 다가가는 법이 서툴러 불친절하면 어때요.

안 만나면 됩니다.

아무도 없는 곳에 가서 조용히 가족과 산책하면 됩니다. 번거롭고 힘들지만 그래도 괜찮다고 생각합니다. 가족과 강아지만 행복하면 됩니다.

우리 강아지가 사회성이 없어서 고민하고 힘들어하시는 분들이 많습니다. 대한민국의 수도, 서울시에서 관리하는 리드 줄 없이 다닐 수 있는 곳이 3곳[어린이 대공원, 보라매공원, 월드컵공원]이 있습니다. 구에서 운영하는 곳[도봉구]이 있고요. 사회성이 없다면 이런 곳은 갈 수 없겠죠.

서울은 반려견과 생활하기에는 최악인 도시죠. 반려견 놀이터가 4개라니, 한두 곳 더 조성된다고 해도 반려견 인구가 얼마인데, 부족해도 너무 부족합니다.

리드 줄 없이 다니면 불법입니다. 방법은 보호자가 찾아야 합니다. 어떤 분들은 리드 줄 채워 산을 다니고요. 어떤 분은 사람 없는 곳에 가서 풀어주기도 합니다. 강아지는 달리고 놀아야 하는데 달릴 수 있는 곳이 너무 부족하니, 리드 줄 풀어주고 욕먹는 분도 있습니다.

우리 강아지가 사회성이 없어서 안절부절못하는 보호자, 어떻게든 친구 만들어 주고 싶고, 놀이터에서 마음껏 달리게 해주고픈 마음을 이해합니다. 그렇다고 기죽거나 불행하다고 생각하지 마세요. 강아지는 전혀 그런 생각을 안 합니다. 엄마와 아빠만 있으면 됩니다. 일부러 사회성 길러준다고 여기저기 좋은 곳을 찾아다니는 분들이 있습니다.

　강아지의 성향은 생각하지 않은 채 무작정 애견 카페 가지 마시고, 같이 놀아주세요. 친구 없으면 어떻습니까. 사랑하는 엄마와 아빠가 있는데요. 대신 조금 부지런해져야 합니다. 남들이 안 다니는 곳, 안 다니는 시간에 움직이면 됩니다.

　유기되고 구조되어, 입양 간 밀키[믹스견]라는 운이 좋은 강아지가 있습니다. 밀키를 너무너무 사랑하는 엄마와 이모가 있습니다.

　밀키는 사람, 사물과 다른 강아지에게 너무 예민하고, 경계하다 보니 모르는 사람이 있으면 그 근처 20m 밖에서 지켜보고 다가오지 않는 아이인데요.

　친구가 한 아이, 핑코[유기되어 구조된 믹스견]와 놀 수 있도록 엄마는 평일 휴가를 냅니다. 핑코는 천사같이 착한 아이입니다. 매번 둘은 10여 분 동안은 어색해합니다. 시간이 지나면 둘이 신나게 추적 놀이를 합니다. 그 곁에 핑코와 같이 사는 누나 구름이[몰티즈]는 밀키·핑코가 놀든 말든 상관없이 냄새 맡기에 정신없습니다. 밀키는 이렇게 강아지 친구가 생겼습니다. 밀키를 임시 보호하다가 지금은 입양했는데요. 밀키 엄마는 밀키가 집으로 온 날부터 밀키에 대해 궁금한 것들이 생기면, 질문하고 통화하면서 밀키에 대해 이해하고 공부한 보호자입니다. 침묵하며 기다려야 하는 힘들고 어려운 시간이었을 겁니다. 대단하다는 말이 절로 나오는 밀키 엄마입니다.

　엄마와 보낸 시간이 1년 넘게 지났지만, 여전히 소심한 밀키입니다. 밀키는 점점 엄마를 신뢰하면서 용감한 아이가 되어 가고 있습니다. 눈높이가 다르니 밀키 엄마의 눈높이에 밀키는 용감한 아이겠죠. 여전히 사람을 무서워

합니다. 사람이 안 다니는 길, 인적이 드문 시간에 산책하러 나갑니다. 시간이 좀 더 필요하겠지만, 용감한 밀키는 꼭 극복할 겁니다.

밀키 엄마에게 문자가 오고 답을 할 때마다, "밀키가 왜 그럴까?"라는 질문을 하며 저도 공부하는 시간이었습니다.

"밀키! 공부하게 해 주어서 고마워!!"

19. 어느 생일파티

강아지 평균수명이 급격히 늘어나고 있습니다. 물론 소형견, 중형견, 대형견별로 차이가 있지만, 20살이 넘은 강아지들도 많습니다. 대부분 보호자는 강아지 생일을 기억하시죠. 유기견을 입양한 분도 추정 나이와 입양날짜를 고려해서 임의로 생일을 정하기도 하고요.

생일 파티에서 고깔을 씌워 주고, 맛난 케이크, 풍선도 달고, 사진 촬영도 하고, 한 상 가득 선물도 있고요. 그런데 손님은 모두 사람뿐….

아메리칸 불리, 8살 생일 파티에 친구들을 초대한 보호자가 기억에 남는데요. 참석한 사람 모두 강아지의 생일을 진심으로 축하해 주었습니다. 보통의 강아지 생일파티에는 강아지를 초대하는 경우가 많은데, '이분은 왜 사람만 초대했을까?' 하는 생각이 들었습니다.

'강아지 친구가 별로 없나?'라는 생각을 잠시 했지만, 그 생각보다는 '정말 강아지를 사랑하고, 강아지에게 감사함이 있구나.'라는 생각이 들었습니다. 그 견종의 평균수명은 8세라고 하더라고요. 굉장히 건강하고, 착한 아이였습니다. 강아지 덕분에 무언가를 배웠고, 극복했고, 자신감을 가졌고, 그래서 강아지를 너무 사랑하는 분으로 보였습니다.

사람 친구가 좀 없으면 어떻습니까?

믿고 따르는 강아지가 곁에서 응원하고 있으면 되죠.

강아지가, 친구가 없으면 어떻습니까?

우리 가족이 있으면 되는 거니까요. 포기할 건 포기하고, 우리끼리 행복하게 지내면 되죠.

20. 강아지를 위한 인테리어

강아지와 살다 보면 타협하며 살아야 할 것들이 있습니다. 그중의 하나가 집안 인테리어인데요. 예쁘게 벽지를 고르고, 간접 조명으로 멋진 분위기를 연출하고, 바닥도 원목이나 대리석으로 해서 고급스럽게 했는데 거기에 강아지가 있다면 이런 인테리어들은 무용지물이 될 수 있습니다.

강아지들의 경우 슬개골 또는 고관절이 아픈 경우가 많습니다. 그러다 보니 자연스럽게 미끄럼 방지 패드를 깔아줍니다. 이게 기존의 인테리어와 어울릴지 모르겠습니다.

강아지 용품이 집에 들어오고, 장난감으로 놀아 주고, 노즈 워크를 하다 보면 집안은 자연스럽게 어지럽혀지게 됩니다. 강아지와 산다는 건 조금은 양보해야 하는 것들이 있는 거 같습니다.

배변 실수할 때도 있고, 무엇을 잘못 먹어 토할 수도 있고, 토끼처럼 가구를 갉아 놓을 수 있고, 리모컨을 잘근잘근 씹을 수 있습니다. 강아지와 산다는 건 강아지를 위한 인테리어가 자연스럽게 된다는 겁니다. 결국, 강아지가 닿지 않는 곳으로 모두 올리고, 숨기고, 울타리를 칩니다. 제대로 된 인테리어가 되어갑니다.

집 방충망에는 큰 구멍이 있습니다. 큰아들, 필립이가 밖으로 나가겠다고 발로 차고, 머리로 밀어 생겼습니다. 필립이가 찢어 놓을 것 같아 커튼도 없습니다. 벽지는 발로 차고, 하네스를 찬 채 등으로 벽을 긁어 벽 하단부터 위로 40cm까지는 얼룩이 져서 지저분한 상태입니다. 집안 여기저기에 강아지가 만든 흔적들이 있습니다.

잠시 방심해서 침대 위에 베개를 두면 강아지의 장난감이 됩니다. 그러면 바로 재활용 불가능한 쓰레기가 되기도 합니다.

집에서 "우다다 놀이"가 시작됩니다. 소원이[고양이]가 놀자고 올라오면, 소원이를 앙리가 뒤따르고, 그 뒤를 필립이가 좇습니다. 순식간에 이쪽에서 저쪽으로 뛰고, 침대를 펄쩍 올라갔다가 내려오고, 깔아 놓은 미끄럼 방지 패드가 뒤집히고 난장판이 됩니다.

소원이와 앙리가 레슬링을 하면, 필립이도 곁에서 놀자고 발로 건들고, 그러다가 앙리와 필립이가 부딪치고, 앙리가 싫다고 "왕왕"하면 그때 중재합니다. 놀이가 중단됩니다. 몇 분 사이에 집안은 벌집 쑤셔 놓은 것처럼 정신이 없어집니다.

집안 곳곳에는 강아지 털이 항상 있습니다. 침대 밑, 냉장고 사이, 장롱 밑에는 강아지 털이 쌓여 있기도 합니다. 매일 청소기로 털을 청소하지만, 어찌 그리 많이 나오는지 통제 불능입니다.

강아지들의 이러한 행동들은 고의는 없습니다. 옆에 있고, 심심해서 입에 물고, 찢고, 씹는 것뿐입니다. 이러한 것들을 순순히 운명처럼 받아들이면서 살아가고 있습니다. 그러면서 우리는 강아지에게 건강하게 지내라고 합니다.

강아지가 아프면 우리 마음이 너무 아픕니다.

* 소거[Extinction]

과거 연속적으로 강화[Reinforcement]를 받아서 행동했던 특정 행동이 더 이상 강화를 받지 못하면 그 반응이나 행동이 나타나지 않거나 줄어드는 현상.

예 '앉아'에 대한 보상으로 칭찬과 간식을 주었는데, 칭찬과 간식을 빼니 앉는 행동이 줄어드는 현상

* 소거 폭발[Extinction burst]

과거 조건 반사에서 강화를 주어지던 행동이 더 이상 강화가 주어지지 않으면 초반에 그 행동이 더 증가하는 현상.

예 짖는 강아지로 민원이 두려워서 간식이나 장난감을 주었는데, 행동 교정을 하기 위해 간식이나 장난감을 주지 않고 무시하였더니 더 짖음이 늘어나는 현상.

셋.

신뢰

-

울 똥강아지 행복하게 하는 것들

21. 사회화 시기

강아지 3~12주령 또는 15주령은 정말 중요한 시기인데요. 운동 기능과 지각 능력이 정말 빠르게 성장하며, 강아지의 성격이 형성되는 시기입니다. 모든 것에 호기심을 가지며, 무엇이든 입에 물고, 달리고, 쫓아가고, 놀이를 좋아하는, 한시도 가만히 있지 못하는 그야말로 호기심 많은 장난꾸러기 시기입니다. 또한, 이 시기에는 사람을 포함하여 다른 동물, 장소에 대해 친밀감을 쌓아 가는 시기입니다.

이 시기를 사회화 시기라고 하는데요. 사회화 교육은 다른 개나 사람, 장소 또는 사물에 친화적으로 적응 및 강화해 가는 교육을 의미합니다. 이 시기에는 다양하게 경험하고, 그 경험들을 긍정적으로 쌓을 수 있어야 합니다. 강아지가 6~8주령이 지나면 처음 보는 사람과 장소에 강한 불안과 공포를 보이고 12주가 지나면 반응이 명확히 고정되는 경향이 있습니다.

그동안은 어미 개와 동배 형제들과의 관계가 전부였다면, 이 시기에는 많은 사람과 접촉하고 생활환경에서 오는 자극에 대해 익숙해져야 합니다. 사회화 교육이 부족한 강아지는 사람을 무서워하고 생활에 적응하지 못하게 됨으로써 정서적으로 불안정해지며 예민한 강아지가 될 수 있기 때문입니다. 가능하다면 남녀노소, 많은 사람을 접해야 하고요. 친절한 다른 강아지도 만나야 합니다.

이 시기에 집 안에만 있으면 어떻게 될까요?

예민하고 겁 많은 강아지가 될 확률이 높습니다. 사회화 교육 및 예방접종 모두 중요합니다. 깨끗한 곳에서 산책하거나 주위의 친한 분 집에 방문해서 다른 강아지나 사람과도 만날 수 있도록 해야 합니다. 9월~10월에 태어난 강아지의 경우, 날씨가 추워지므로 외출을 하지 못하는 경우가 많은데요. 추워도 사회화 교육을 해 주어야 합니다. 내년 봄에나 외출을 한다면 강아지는 모든 것에 낯설고 두려워할 수 있습니다.

22. 발 만지기

웰시 코기 자두가 센터에 있다가 입양을 갔습니다. 과거 아픈 기억이 있지만, 씩씩하게 잘 지내다가 엄마와 함께 집밥 먹으러 갔습니다.

센터 간사님에게 며칠 후 전화가 와서 자두가 몸을 만질 때 보호자를 문다고 어떻게 하면 되는지 알려줄 수 있냐고 하면서, 보호자에게 전화번호를 알려 주어도 되냐고 해서 그러시라고 했습니다. 얼마 후 자두 엄마에게 전화가 왔습니다.

자두가 산책 갔다가 와서 발을 닦으려고 하면 이빨을 보이고 물고, 몸을 만지려고 하면 피하고 깨문다는 내용이었습니다.

제가 보호자와 전화 통화로 이야기한 내용입니다.

"자두에게 시간을 조금 더 주시고, 2~4주 정도는 그냥 자두가 엄마를 관찰하고, 스스로 안전하고, 좋은 엄마라고 느끼게 해 주세요.

조금 집이 지저분하다고 느끼시겠지만, 지금은 자두와 엄마와의 신뢰 관계를 만들어 가는 과정이니, 발 만지지 마시고, 몸도 만지지 말아 주세요. 그냥 밥과 물, 산책 자주 시켜주고요. '자두' 하고 부르고, 쳐다보면 칭찬하고 간식 주고요. 자두가 너무 이뻐 힘드시겠지만, 먼저 다가가지 말고, 자두가 다가오면 기분 좋은 목소리로 '이쁘다' 해주세요. 그러고 나서 몸 먼저, 차츰 발을 만지고, 다음에 닦아 주시면 될 거예요. 자두에게 시간을 좀 주시면 좋아질 거예요."

센터 간사님께 일주일 후 문자가 왔습니다.

"자두 적응 잘하고, 입질 등 문제 행동들 거의 다 엄청 좋아졌다고 하세요. 하하, 훈련도 잘하고! 덕분이에요. 감사합니다~~ 하하."

"다행이네요. 자두 녀석 엉덩이 딱 붙이고 살 거예요. 간사님들이 수고하셨어요. 감사합니다."라고 답신을 보냈습니다. 자두가 참 고마웠습니다.

사람은 두 발로 걷습니다. 양말을 신고, 신발을 신어 발을 보호합니다. 신체에 무리가 가지 않는 신발부터 정말 다양한 신발들이 있습니다. 어떤 것은 예쁘고 보기 좋지만 몸에 부담 가는 신발, 어떤 것은 보기는 별로지만 몸에 좋은 신발까지 너무 많아 고르기도 쉽지 않습니다.

강아지는 네발로 걷습니다. 발가락도 있고, 중간에 예쁜 패드가 있습니다. 강아지에게 발은 생명과도 같습니다. 아주 먼 옛날에는 사냥해야 했고, 소나 양을 몰아야 했고, 썰매를 끌고, 수영하기 위해서는 발이 정말 중요했습니다.

추적 놀이를 하고, 레슬링을 할 때도 발은 정말 중요합니다. 모든 육지에 사는 포유류에게 발은 생명과도 같습니다.

발이 문제가 생기면 곧 생존에 문제가 생기기 때문인데요. 발이 아프거나 다치면 싸움도 제대로 할 수 없고, 도망도 못 가고, 달릴 수도 없습니다. 강아지에게 발은 제일 중요한 부위입니다.

입도 마찬가지입니다. 먹이를 찢고 씹고 하는 입도 중요합니다. 생식기도 중요합니다. 신뢰하지 않은 상태에서 강제로 입을 만지고, 생식기 부위를 만지고, 발을 만지면 강아지는 싫다는 표현을 할 수 있습니다. 어떤 강아지는 싫지만 참을 때도 있습니다.

사람들은 그 중요한 발, 입, 생식기 부위를 허락도 없이 함부로 만집니다. 그리고 거부 의사로 입을 사용하면 입질이라고 하면서 엄마·아빠·가족도 모르는 버릇없는 강아지라 합니다.

산책 갔다 와서 발이 더러우니 무턱대고 발을 잡고 닦으려 합니다. 강아지는 싫다는 표현으로 짖거나, 으르렁하거나, 이빨을 사용할 수 있습니다.

먼저 예의 없는 행동을 한 건 우리입니다. 평소에 좋은 사이도 아니면서 교육을 하지 않고 만진 것은 우리 잘못입니다. '악수', '손' 교육을 해야 하는 이유가 여기에 있습니다. 강아지의 발톱과 패드 털을 관리해 줄 수 있어야 하기 때문입니다.

'빵'이든 '발라당'이든 신뢰가 쌓이고 약간의 노력을 하면 자연스럽게 배를 보이게 됩니다. 그리고 마사지를 해주면 우리에게 중요 부위를 허락합니다.

간식을 주면서 입 주변을 만지면, 입을 만지는 것에 대해 거부감을 줄일 수 있습니다. "시간은 내 편이다."라는 생각으로 인내심을 가지시고 천천히 기다리면서 하시면 강아지들은 잘할 겁니다.

아내가 필립, 앙리 발 닦아 주라고 하면, "네" 하고 답하면서, 안 보면 넘어갈 때가 있습니다.

아이들이 "엄마에게 이를 거야!" 하지 않으니 얼마나 다행인지 모릅니다.

23. 예민한 어미 개와 두 남매

강아지는 견종별, 개체별로 성격이 각양각색입니다.

이 또한 사람과 차이가 없는 거 같습니다. 어미 개의 성격에 따라 강아지들도 많은 영향을 받기도 하고요. 외모도 많이 닮고, 성격도 많이 닮습니다.

보호자와 이야기를 하다 보면, 소소하지만 힘든 생활을 하소연할 때가 있습니다.

젊은 여성 혼자, 돈키호테와 같은 대형견 3마리와 생활하는 모습을 상상하면 정말 대단하고 존경스럽습니다. 어미 개와 성견이 된 강아지(암, 수) 두 친구와 생활하는 분인데, 혹시 분리 불안이 아닐까 걱정하며 찾아오셨습니다.

어미 개 콩이는 학대받은 경험이 있고, 유난히 남성을 두려워하는 강아지였습니다. 어렸을 때부터 묶여 키워졌고, 우연한 사고로 임신하고, 출산한 강아지 두 아이도 예민한 경우였습니다. 태랑·이리가 사람 근처에 가면 콩이가 불안해했습니다.

예민한 강아지들의 경우 예민한 대상, 즉 사람, 다른 강아지 또는 사물에 대해 부정적 감정에서 긍정적 감정으로 바꾸어 주어야 합니다. 먼저 멀리에서 가까이 다가가야 하고요. 사람이나 강아지의 경우, 너무 갑작스러운 움직임은 피해야 합니다. 보호자가 먼저 자기 아이의 기질을 파악해서, 최대한 관리를 해 주어야 합니다.

대형견 셋과 아파트에서 생활한다는 것은 정말 쉽지 않은데요. 직장도 바꾸어 재택근무를 하고, 아이들과 개별 산책을 하루에 세 번씩 해주고, 총

아홉 번을 산책합니다.

짖음으로 인해 이웃에게 피해가 갈까 봐 방음 벽지를 하고, 아파트에 사는 분들께 선물과 손편지를 쓰는 콩 엄마, 대단한 엄마입니다. 진도 잡종견인 아이들이 사고 칠까 걱정되어 다른 아이들과 있을 때도 세심하게 관찰하고 관리하는 보호자입니다. 비슷한 사정을 가진 분들도 많습니다.

믹스견이라 해서 거부감을 가진 사람들도 있지만, 정말 많은 분이 믹스견 아이들을 입양해서 금이야 옥이야 키우며 살아가는 모습을 봅니다. 이 모든 분에게 강아지를 대신해 꾸벅 감사 인사드립니다.

질문 보호자는 친구가 많으신지요?

많다고 답하신 분은 외향적이고 활동적인 분이실 거구요.

많지 않다고 답하신 분은 내성적인 분일 가능성이 큰데요.

친구가 많지 않다고 불행하신지요?

24. 깨무는 강아지

아기 때는 무엇이든 입에 물고, 깨무는 것이 일입니다. 4~5개월이 되면 이 갈이를 하니 더욱더 입을 사용해서 깨물려고 합니다. 사람의 신체를 놀이 대상으로 생각해 깨무는 강아지들이 있습니다. 당장은 아프지 않으니, 오히려 손과 발로 적극적으로 놀아줍니다. 목소리는 강아지가 흥분하는 톤으로 "아야, 아프단 말이야." 하면서 아이들을 자극합니다.

어미 개와 동배들과 지내며 자연스럽게 입을 사용해서 상대방을 다치지 않게 하는 연습을 해야 하는데, 대상이 없으니 힘을 조절하지 못하는 경우가 생기기도 합니다. 보호자가 이때 어떻게 대하느냐에 따라 아이들이 입의 힘을 조절하는 능력을 배우게 됩니다.

새끼강아지든, 다 큰 강아지든 사람의 신체에 입을 사용하도록 하면 이런 행동을 당연히 해도 된다고 학습하게 됩니다. 다른 강아지와 놀 때, 너무 세게 물면 상대편 강아지가 "깽갱" 소리를 내거나 "왕왕"하고 거부 의사를 표현할 수 있습니다. 또한, 싸움이 일어날 수도 있습니다.

강아지가 사람의 손이나 신체를 깨물면,
싫다는 표현으로 "아악" 소리를 내고, 자리를 피해야 합니다.

이때 다른 말이나 행동은 하지 않는 것이 좋습니다. 몇 분 후 아무 일 없었다는 듯 다시 와서 놀아주면 됩니다. 또 깨물 수 있습니다. 반복해서 소리를 내고 자리를 피해주시면 됩니다. 강아지는 깨무는 것과 "아악" 소리와 함께 자리를 피하면 더 놀지 못한다는 것을 연관 지을 수 있습니다.

강아지에게 간식을 줄 때 손바닥으로 주어야 합니다. 엄지와 검지를 이용해서 줄 때 강아지는 덥석 이빨을 이용해서 가져가 먹으려 합니다. 손가락에 멍이 들거나 상처가 날 수 있습니다. 간식을 줄 때 '먹어'나 '오케이'를 해서 주는 교육을 해 주어야 합니다. 간식을 먹으려고 입이 나오면 손을 빼면 됩니다. 반복해주면 아이들이 금방 배울 수 있습니다.

세 살 버릇 여든까지 간다는 속담처럼, 강아지들도 어렸을 때 사람의 신체가 장난감이 아니라는 것과 입의 힘을 조절하는 법을 알려주어야 합니다. 한 강아지가 너무 과격하게 깨물면서 계속 놀자고 하면, 상대편 강아지는 먼저 등을 보이고, 얼굴을 돌리고, 엎드리거나 앉아서 거부 표시를 합니다. 계속 깨물거나 놀자고 하면 거부 의사로 "왕왕" 짖거나, "으르렁"거릴 수 있습니다. 이때 강아지가 예민하게 반응하여 싸우는 경우가 있습니다. 보호자는 강아지들의 몸짓을 관찰하면서 제어해 주어야 합니다.

25. 눈덩이처럼 커지는 스트레스

하나하나의 눈송이가 모여 눈덩이를 만들고, 눈덩이를 굴리고 굴리면 큰 눈덩이가 되어 갑니다. 작은 눈송이부터 시작합니다. 하나하나가 쌓여 어느덧 큰 눈덩이가 되는 것처럼 우리 강아지들의 문제 행동 또한 같은 이치입니다. 작은 것 하나하나가 쌓여 만성적인 스트레스가 되고, 만성적인 스트레스로 인해 예민해지고, 그 예민이 쌓여 어느 날 폭발하는 이치입니다.

어느 날 갑자기 이유 없이 하는 행동은 없습니다.

입에 있는 물건을 강제로 뺏으면 강아지는 점점 지키려고 할 거예요. 한 번, 두 번, 세 번 뺏기다, 어느 날부터 으르렁거릴 겁니다. 그다음은 물 수 있습니다. 교환해야 합니다. 매력적인 카드를 주고 그것을 선택하도록 해야 합니다.

우리 강아지가 어느 날부터 사람과 다른 강아지에게 짖고 으르렁거린다면 이유가 있습니다. 새로운 사람, 또는 강아지가 집에 들어오든지, 이사를 했든지, 병원에 입원했든지, 호텔링을 했든지, 공원에서 다른 강아지에게 위협을 당했든지, 실내 생활을 하던 강아지가 갑자기 실외생활로 바뀌었든지, 산책 중에 모르는 사람에게 폭행을 당했다는 등의 다양한 원인이 있을 겁니다.

이유를 찾아야 합니다. 이유를 찾았다면 그 이후에는 강아지의 감정 상태를 바꾸어주어야 합니다. 긍정적 감정으로 전환해 주어야 합니다. 어렵습니다. 하지만 강아지를 믿고 기다려 주면 반드시 좋아집니다.

관찰해 주세요. 우리 아이의 행복지수는 얼마인가요.

26. 도망갈까? 짖을까? 인사할까?

　강아지, 고양이와 생활하시는 분들이 정말 빨리 늘어나고 있습니다. 반려동물과 생활하시는 분이 거의 25%라고 하니까요.

　강아지에게는 공간의 개념이 상당히 중요합니다. 자기가 산책하며 돌아다니는 영역, 즉 생활권[포괄적인 서식 지역]이 있고요, 다른 강아지나 동물에 대해 배타적으로 사용하는 공간[세력권]이 있습니다. 또한, 낯선 다른 강아지가 일정 거리에 접근하면 도망치고[도주 거리], 일정 거리 안으로 들어오면 싸움이 일어나는[임계 거리] 공간이 있습니다. 일반적으로 생활권 안에 도주 거리가 있고요. 세력권 안에 임계 거리가 있습니다. 그럼 자주 산책을 다니는 길이 있을 텐데요. 그건 생활권입니다. 산책 중간에 계속 냄새를 맡으며, 영역 표시도 하고, 다른 강아지의 정보를 저장하는데요. 이 생활권은 다른 강아지와 겹칠 수 있습니다. 가능하다면 다양한 산책 코스를 가지고 있는 게 좋습니다. 집이라는 공간은 세력권인데요. 손님이 오거나, 택배가 올 경우, 강아지들이 짖는 경우가 있습니다. 이것은 침입자가 왔으니 경계, 경고를 알리는 짖음인데요. 이렇듯 강아지는 자기만의 공간 개념을 가지고 있습니다.

　그런데 만약 공간이 좁은 카페나 유치원이라고 하면, 강아지는 어떻게 생각할까요?

　일단 불편하겠죠. 분위기도 낯설고, 냄새도 다릅니다. 느낌이 다르고, 도망갈 곳이 없으니, 일단 긴장하고 있을 겁니다. 예민해질 수 있습니다. 강아지 개체별로 차이가 크지만, 강아지는 낯선 강아지를 만나면 몇 가지 선택을 합니다. 강아지 언어를 잘 사용한다면, 자기의 감정을 알리려고 할 거고요. 그리고 인사를 할지, 그냥 지나갈지를 선택할 겁니다.

강아지가 긴장하고 예민해진 상태에서 다른 강아지를 만나면, 도망을 가든지, 인사하든지, 복종하든지, 싸움하든지 선택할 겁니다.

우리 강아지의 성격을 파악해야 합니다. 사교성이 있고 활동적인 강아지라면, 낯선 강아지를 두려워하지 않을 겁니다. 내성적이며 예민한 강아지의 경우 낯선 강아지를 두려워할 겁니다. 이런 성격의 강아지에게는 다른 넓은 공간에서 친구들과 사귀는 기회를 주는 것이 좋습니다.

27. 짖으면 물러나세요! 강아지 방어 시스템

낯선 강아지나 사람, 사물을 만났을 때 강아지들은 자가 방어 시스템이 자동으로 작동하기 시작하는데요. 사람과 다르지 않습니다.

혼자 골목길을 걸을 때 뒤에 사람 발소리가 난다면 어떤 생각이 드는지요. 남성이나 여성이나 별반 다르지 않을 거 같은데요.

'누구지?'

'어떻게 해야 하지?'

전화를 건다든지, 아무 가게에 들어가거나, 아니면 누군지 쳐다보며 말을 걸 수도 있습니다.

사람도 자연스럽게 방어 시스템이 작동하는 것과 마찬가지로 강아지들도 자기가 두렵거나 무서운 상황이 되면 방어 시스템이 작동하게 됩니다.

강아지들은 먼저 대상을 보고, 자기의 의사를 표현합니다. 낮은 단계에서 서서히 스트레스 단계를 높여가며 준비하고 있다가 행동하게 되는데요. 공통점이 있습니다. 짖는 건데요. 바로 공격 전까지 강아지는 짖음을 통해 자신의 의사를 표현합니다. 개가 짖고 으르렁거린다면 물러나야 하는 이유입니다.

강아지는 놀면서 짖기도 하고 으르렁거리기도 합니다. 그때는 강아지의 다른 신체 언어를 함께 사용할 겁니다. 그건 문제가 안 되겠죠.

보호자는 반드시 강아지를 보셔야 합니다. 어떤 언어를 사용하고 있는지, 감정이 어떤지, 그리고 그것에 알맞게 대처해 주어야 합니다. 산책하러 나갔을 때, 반려견 놀이터에 가서도 한순간도 방심하면 안 됩니다. 보셔야 합니다. 우리 강아지의 안전은 바로 보호자가 책임져야 합니다.

훈련사인 투리드 루카스의 강아지 스트레스 진행 단계 개념입니다.

1단계[낮은 스트레스 단계]

카밍 시그널	대체 행동
· 하품하기	
· 입술 핥기	
· 시선 피하기	· 바닥 냄새 맡기
· 등 돌리기	· 몸 긁기
· 천천히 움직이기	· 짖기
· 짖기	

2단계[행동 준비 단계]

스트레스에 대한 반응	대상에 집중하는 단계
· 숨 헐떡이기 [거친 호흡]	
· 동공/눈 확장	· 카밍 시그널 실종
· 발에 땀	· 입을 다문다.
· 몸을 터는 동작	· 얼음처럼 서 있기
· 선 털	· 짖기
· 짖기	

3단계[극단적으로 높은 스트레스 단계, 행동 개시]

방어 준비 단계		
· 이빨을 보이며, 으르렁대기		
· 몸의 중심을 앞뒤로 움직이기	· 달려 들기	· 물기
· 짖기		

28. 잘못된 훈련법은 강아지를 시한폭탄으로 만드는가?
그렇다.

* 셀러그만[1975]

"학습된 무기력 이론[learned helplessness theory]"

개를 대상으로 하는 조건 형성 실험 과정에서 우연히 발견된 사실로부터 발전.

1단계
개를 묶어 놓은 상태에서 하루 동안 전기 충격을 줌
2단계
개를 자유롭게 풀어놓아 옆방으로 도망갈 수 있는 상태에서 전기 충격을 주었다.

이때 개는 도망갈 수 있음에도 불구하고 마치 포기한 듯 움직이지 않은 전기 충격을 그대로 다 받았다. 반면 1단계 실험을 거치지 않은 다른 개는 2단계 실험에서 전기 충격이 주어지면 곧바로 옆방으로 도망쳐서 충격을 피했다. 더욱 놀라운 발견은 1단계 실험을 경험한 개는 후에 옆방으로 도망쳐서 피할 수 있다는 것을 경험해도, 충격이 가해지면 옆방으로 도망치지 않은 채 그 충격을 그대로 받았다는 점.

즉 개는 전기 충격을 회피할 수 없다는 무력감을 학습하게 되어 전기 충격을 피할 수 있는 새로운 상황에서도 무기력하게 행동하며 전기 충격을 받는다는 학습된 무기력 이론입니다.

초크 체인을 사용하면 강아지는 고통을 무기력하게 참아냅니다. 처음에는 초크 체인 사용으로 강아지가 달라지는 것 같지만, 일정 시간이 지나면 목줄이나 하네스와 별 차이가 없습니다. 강아지는 적응하니까요. 더 강한 자극을 주는 것이 필요하죠.

설사 초크 체인이나 뿔 체인에 익숙해져 명령어를 따른다 해도 그것은 강압에 의한 훈련이므로 결국 강아지를 무기력하게 만드는 것뿐입니다.

세상에서 가장 밝고 맑은 영혼을 가진 강아지를 무기력하게 만들어 얻을 수 있는 것이 무엇인지 모르겠습니다. 분명한 건 무기력이 폭발할 때의 시기나 강도를 예상할 수 없다는 것입니다.

무조건적인 복종과 강압적인 훈련이나 훈련 도구를 사용한다면, 그것은 강아지를 시한폭탄과 같은 털북숭이로 만들 수 있다는 것을 명심해야 합니다.

아직도 구시대적인 훈련법이 버젓이 사용되고 있습니다. 가장 중요한 것은 강아지들을 대하는 마음가짐입니다.

신뢰하지 못하는 누군가가 강아지의 행복에 영향을 준다면, 보호자는 그런 사람으로부터 강아지를 보호해야 할 의무가 있습니다.

다른 사람들의 말에 흔들리지 말아야 합니다. 다른 사람들은 우리 가족과 강아지에 대해 모릅니다. 그 사람들은 어떤 것도 책임지지 않습니다.

29. 피곤한 강아지가 행복한 강아지, 행동 풍부화

"여보! 입이 심심한데. 뭐 먹을 거 없어요?"
"과일 줄까요?"

사람도 무료하고 심심하면 무언가를 찾습니다. 강아지는 심심하면 사고를 칩니다. 무료함을 달래기 위해 무언가를 입에 물고, 소리에 예민해져 짖고, 발이나 꼬리를 깨물기도 합니다.

심심하지 않도록 행동 풍부화를 해주면 좋습니다. 환경의 풍부화, 먹이 풍부화, 감각 풍부화, 인지 풍부화, 사회성 풍부화로 나눌 수 있는데요. 물론 이 다섯 가지가 복합적으로 이루어질 수 있습니다. 행동 풍부화 프로그램을 통해 보호자들과 행복한 생활뿐만 아니라, 스트레스 해소 및 문제 행동이나 이상 행동을 예방하거나 교정할 수 있습니다.

스트레스를 받지 않으면서, 피곤한 강아지가 행복한 강아지입니다.

첫 번째, 환경의 풍부화입니다.

학생의 경우 집에서 학교로, 학교에서 학원으로 또는 독서실로, 다시 집으로 거의 매일 반복되는 생활을 합니다. 전업주부인 엄마의 경우, 집에서 주로 생활하고, 가끔 마트를 가기도 합니다. 환경이 좀 단순하죠. 그래서 정말 스트레스를 많이 받습니다. 사람은 스트레스를 풀기 위해 가끔은 영화도 보고, 백화점가고, 친구들과 여행을 가기도 합니다. 강아지에게도 환경의 변화를 주는 것이 행동을 풍부하게 할 수 있습니다.

두 번째, 먹이 풍부화인데요.

다양한 먹거리가 우리를 행복하게 하듯, 강아지에게도 중요한데요. 풍부화가 양을 말하는 것은 아닙니다. 질도 중요하니까요.

세 번째, 감각 풍부화입니다.

시각, 청각, 후각 등을 이용하도록 하는 것입니다. 노즈 워크, 터그 놀이, 깨무는 장난감 등을 이용하도록 하는 것입니다.

네 번째, 인지 풍부화인데요.

스스로 생각하고 판단하도록 하는 자극을 주는 인지 풍부화는 놀이 풍부화라고 할 수 있습니다. 강아지가 생활을 지루해하지 않도록 정신적 자극을 주는 건데요. 강아지는 동종들과 추적 놀이, 싸움 놀이도 하지만 공놀이, 프리스비 등도 좋아합니다. 거기에 감각 풍부화를 겸한 보물찾기 놀이, 수영, 터그 놀이, 기타 장난감 등 강아지가 좋아하는 놀이를 해 줌으로써 지루해하지 않도록 해 주는 것입니다.

다섯 번째, 사회성 풍부화입니다.

무리를 이루는 사회성 동물의 경우, 같은 종끼리의 사회화가 절대적으로 필요한데요. 강아지의 경우, 이를 통해 강아지의 언어와 예절을 배울 수 있습니다. 다양한 성격과 기질을 가진 친구들과 어울리면서 친구들에 맞추어 지내는 방법을 터득하게 되죠. 강아지의 성격과 기질을 파악 후 반려견 운동장, 산책 모임 등에서 친구들을 만나 사회성을 길러줄 수 있습니다.

30. 스트레스, 문제 행동 및 이상 행동을 만들 수 있다.

사람은 스트레스를 받으면 각자의 방법으로 해소하려 하는데요. 운동하고, 게임방을 가고, 노래방에서 신나게 노래를 부르고, 잠을 많이 자고, 매운 떡볶이와 같은 음식을 먹기도 합니다. 마찬가지로 강아지들도 스트레스를 받으면 줄이거나 해소해 주어야 합니다.

스트레스는 강아지에게 자기 통제력을 약하게 만듭니다.

그전에 하지 않았던 행동을 하게 합니다. 스트레스를 해소하는 가장 좋은 방법은 강아지가 좋아하는 것을 하도록 하는 것입니다. 예를 들면, 달리기, 수영하기인데요. 강아지마다 좋아하는 것이 다르니 보호자께서 찾아서 제공해 주어야 합니다.

우리 사람과 하나도 다르지 않은 거 같습니다.

우리는 안전한 장소와 음식을 제공해 주지만 이것으로 끝난 것이 아닙니다. 이것보다 더 중요한 자유를 느낄 수 있도록 해 주어야 합니다. 특히 달리고 놀 때 강아지는 자유를 만끽합니다. 달리는 강아지의 얼굴에서 행복하다는 것을 느낄 수 있습니다.

스트레스 발생 원인	스트레스 해소법
· 위협, 고통, 불편함, 놀람	· 맛난 음식
· 보호자 또는 다른 사람이 화내기	· 애정이 듬뿍 담긴 칭찬
· 벌을 받는 경우	· 다른 강아지와 놀기
· 빠르게 움직이는 물체 또는 사람	· 신나고 재미난 산책
· 지속적인 복종 강요	· 노즈 워크
· 과도한 명령어 사용	· 수영하기
· 무서운 목소리	· 재미나게 달리기
· 목에 압박과 고통을 주는 목줄	· 잠자기
· 너무 많은 운동	· 쉬기
· 산책과 운동 부족	· 부드러운 마사지
· 배고픔, 갈증	
· 배변 구역 없는 것	
· 너무 덥다/춥다	
· 고통과 질병	
· 소음	
· 혼자 있는 것	
· 과도한 흥분을 유발하는 놀이	
· 이사, 편안하게 쉴 수 없는 장소	
· 갑작스럽게 무서운 상황	
[병원, 미용실, 호텔, 유치원] 등	

넷.

행복

-

칭찬으로 얻는 행복

31. 두 발로 걷는 개

교육 때문에 도로시를 방문하는 강아지든, 수영과 뛰어놀기 위해 도로시를 찾은 강아지든 처음 보는 강아지들도 도로시샘을 좋아합니다.

강아지들이 도로시샘을 왜 좋아할까요?

제 답은 단순합니다. 저는 먼저 다가가지 않습니다. 손을 내밀지도 쳐다보지도 않습니다. 그저 땅바닥을 보고 걷든지, 잠시 쭈그리고 앉아 운동장 잔디를 만집니다. 그럼 강아지들이 먼저 다가와 저의 신발, 다리 냄새를 맡습니다. 이때 눈도 마주치지 않습니다. 편안히 냄새 맡도록 합니다.

흥분해서 달려오는 강아지에게는 등을 돌립니다. 점프하는 강아지에게는 강아지의 방식대로 등을 돌리며, 정강이나 엉덩이로 강아지를 살짝 밉니다.

이름을 부르고, 쳐다보면 정말 반가운 목소리로 칭찬을 합니다. 그리고 간식을 줍니다. 아주 단순합니다. 칭찬받고, 간식 먹고, 강아지에게는 나쁠 것이 없습니다.

다시 찾아온 강아지의 이름을 기억하고, 이름 불러 주고, 간식 주는 것이 전부입니다. 한 번 마음의 문을 열었다면, 강아지는 엉덩이춤을 보여줍니다. 멀리서 "아리" 하고 이름 부르고, 쳐다볼 때 '옳지'와 함께 반대 방향으로 몇 걸음 빠르게 움직이면 강아지가 우사인 볼트처럼 달려옵니다. 달리는 중간에는 저의 몸은 반대 방향이지만, 강아지 쪽으로 고개를 돌려 말로 칭찬을 해줍니다. 다가와 얌전히 앉으면 만져주고, 간식 주는 것이 전부이고요.

보통 사람들과 차이가 있다면 손을 내밀지 않고요,

말을 많이 하지 않습니다.

칭찬과 간식, 만져주기가 전부입니다. 강아지는 말보다 자기에게 보여주는 행동과 칭찬에 들어가 있는 사랑하는 감정을 읽는 재주꾼이니까요. 희망사항이지만 강아지들이 저를 두 발로 걷는 개로 안다면 정말 좋을 거 같습니다.

*쉐이핑[Shaping]

조성, 점진적 접근법 교육심리학, 심리학에서 많이 사용되는 개념

행동 수정에서 목표 행동이 너무 복잡하여 개인의 행동 목록에 없을 때, 이러한 목표 행동에 접근하는 하위 반응을 강화함으로써 새로운 행동을 가르치는 것.

목표: 강아지가 시장바구니 물어 오기

1. 강아지가 처음에는 바구니 근처에 가기만 해도, 간식으로 보상합니다.
2. 강아지가 근처에 가서 코로 바구니를 건들 때 간식으로 보상합니다.
3. 강아지가 바구니를 입으로 댈 때 간식으로 보상합니다.
4. 강아지가 바구니를 입으로 물 때 간식으로 보상합니다.
5. 반복 연습을 하고, 완성되면 명령어를 씌웁니다.

어느 추운 일요일, 산책 교육에 보호자와 골든 레트리버가 참여하였습니다. 이미 보호자와 강아지를 알고 있는 터라, '왜 참여했지?'라는 궁금증을 가졌습니다. 사실 보호자, 강아지 모두 백 점 만점으로 치면 백 점을 줄 수 있는 멋진 보호자와 강아지였습니다.

간단하게 핸들링 방법, 리드 줄의 의미를 설명한 후 산책을 하였습니다. 중간중간 다른 강아지도 만나고 사람들도 만나고 하면서 아주 편안한 산책을 하는 레트리버 아이였습니다. 예상했던 대로 보호자와 강아지는 산책을 편안히 잘했습니다.

"산책이 즐거우셨나요?"

"아이도 즐거웠을까요?"

"산책을 강아지가 너무 편하게 잘하는데요. 집중도 잘하고, 말도 잘 듣고, 100점입니다."

"100점인데, 한 가지만 추가하면 좋을 거 같네요."

"산책이 엄마·아빠와 강아지가 모두 즐겁게 하려면, 팀워크로 할 수 있는 것들을 해보세요. 예를 들면 강아지가 할 수 있는 앉아, 엎드려, 손, 스핀, 돌아, 가져와, 등을 산책 중간에 하는 거예요. 명랑하고 재미난 목소리로."

"얼음 땡 놀이, 눈치 게임, 나 잡아 봐라(추적 놀이), '가져와'를 해 보세요."

"교육, 훈련이 아니라 놀이처럼 해 보세요."

보호자와 강아지가 산책에 완전히 몰입하면, 그 일이 매일 반복되고 단순

하더라도 즐거움을 얻게 됩니다. 만족감을 얻을 수 있습니다. 매일 반복하는 산책이지만, 숙제와 같은 느낌으로 강아지와 산책하는 것이 아니라 즐거운 목소리를 내고, 아이처럼 강아지와 놀기도 하고, 운동한다는 생각으로 강아지와 산책을 해 보세요. 그렇게 되면 강아지도 상당히 높은 집중력을 가지게 됩니다. 산책 시간에 서로에게 몰입하고 집중하면 많은 것들을 볼 수 있습니다. 아이의 걸음걸이, 냄새 맡는 방법, 마킹 습관, 물을 마실지 말지, 다른 강아지를 대하는 태도, 내가 부르면 쳐다볼지 말지 등을 알 수 있습니다.

강아지에게 산책은 우리가 아침에 일어나 포털 사이트나 SNS에서 뉴스를 접하고, 정보를 얻는 것과 같습니다. 다른 강아지의 냄새를 맡으며 다른 개들이 무엇을 먹고, 신체의 변화가 있는지를 점검하고, 호기심을 끄는 까치, 비둘기, 다람쥐, 청설모, 낙엽, 자연의 변화를 감지합니다. 반복적인 일상이지만 매일 새롭고 흥미로운 일입니다. 그런데 강아지에게 가장 흥미로운 것은 다른 강아지입니다. 냄새 맡기를 통해 세상을 접하고, 자신의 존재를 남기느라 열심히 영역 표시도 합니다.

강아지에게 산책은 흥미롭고 재미난 삶의 이유인 거 같습니다.

옆에 사랑하고 서로 믿는 우리가 있고, 강아지가 산책하며 냄새 맡고, 달리며 논다면 이보다 좋은 것은 없을 것입니다. 영리하고, 장난꾸러기 같은 강아지를 지켜보며 같이 시간을 보낸다는 것이 얼마나 매력 있는 일인지를 틀림없이 알게 될 것입니다.

산책 중 음악을 듣는 사람, 핸드폰을 보는 사람, 그냥 리드 줄을 잡고 다른 일을 하는 사람을 보곤 합니다. 위험하기도 하지만, 서로에게 재미없는 시간을 보내는 것 같아 아쉬울 때가 있습니다.

나 잡아봐 라 ~

33. 강아지의 이분법적 사고

강아지는 사람 성격으로 치면 굉장히 직선적입니다. 잔머리를 쓰지 않고 자기의 의사를 정확히 표현합니다. 아프면 아프다고, 불편하면 불편하다고, 무서우면 무섭다고 표현을 바로바로 합니다.

좋을 때는 좋다고, 맛있다고, 행복하다고 몸짓과 소리를 내 표현합니다. 신체적으로 불편해도 징징거리지 않습니다. 실수로 저지른 일로 인해 눈물 흘리지 않습니다.

강아지는 사람처럼 정치적인 표현이나 자신의 감정을 숨기며, 겉으로 감정과 다른 미사여구를 사용하지 않습니다.

강아지는 이분법적으로 세상으로 보는 거 같습니다. 강아지에게는 선과 악에 대한 구분은 없는 거 같습니다. 오직 좋고 나쁨이 있죠. 믿을 수 있는 사람과 믿을 수 없는 사람으로 구분합니다. 믿을 수 있으면 꼬리를 흔들고, 엉덩이를 흔듭니다. 얼굴은 환한 미소를 머금은 채 천천히 다가옵니다. 믿을 수 없다면 경계하는 몸짓으로, 곁눈질로 슬슬 눈치 보며 도망가거나 다가오지 않습니다. 가끔은 짖기도 하고요.

한번 믿음을 가지면 마음의 문을 활짝 열고, 다음부터는 계속 믿습니다. 한번 믿지 못하면 마음의 문을 여는 데 시간이 조금 걸립니다.

강아지는 결정해야 할 때 꼼수를 택하기보다 정공법을 택합니다. 원하는 것이 있다면 바로 가지려 하고요. 다른 강아지가 그 물건을 먼저 선점하고 있다면 그것을 입에서 놓을 때까지 턱 받치고 기다립니다. 물론 힘이 센 강아지의 경우 강제로 그걸 뺏을 수 있습니다. 그땐 싸울 준비 하고 뺏어야 합니다.

강아지는 자유로움을 추구합니다. 태어나 구속되어 본 적이 없습니다. 어떤 이유에서든 구속된다면 불행하다고 생각합니다.

인위적으로 말뚝에 묶여 있든, 견사에 갇혀 지내든, 아파서 병원에 입원하든 갇힌 상태를 이해하지 못합니다. 나중에는 무기력하게 받아들입니다. 강아지는 몸도 마음도 자유를 갈망합니다.

강아지는 사람처럼 외모를 다른 사람과 비교하거나 치장에 신경 쓰지 않습니다. 몸에 냄새가 나도 신경 쓰지 않습니다. 냄새 맡고, 자유롭게 달리고 노는 것에 관심이 있을 뿐입니다. 누구와도 상관없습니다. 사람과 달리고 노는 것도 좋고, 강아지와 달리고 노는 것도 좋고, 고양이와 노는 것도 좋아합니다.

우리는 강아지의 어느 편에 서 있는지요. 좋아하는 또는 싫어하는, 믿는 또는 믿지 못하는. 가끔 강아지의 사고를 닮고 싶을 때가 있습니다.

34. 보호자 불안 심리

반려견 행동 전문가라는 직업을 가지고 외부 강의도 하고, 직접 강아지 교육을 하는 훈련사로서 중·대형견과 생활하는 보호자 중에 위탁 훈련소를 보낼지 말지를 고민하는 보호자를 만나면 안타까울 때가 있습니다.

만약 이렇게 말하는 사람이 있다면, 저라면 그 사람과는 다시 대화를 나누지 않을 겁니다.

"보호자님. 지금처럼 크면 나중에 문제견이 될 수 있습니다."

"어머님. 지금부터 훈련하지 않으면, 짖음 때문에 민원 들어 올 수 있습니다."

너무나 다양한 이유로 보호자들의 불안 심리를 자극해서 훈련소 입소를 권합니다.

그 당시에는 불안한 마음에 훈련소에 아이들을 두고 오시는 보호자들이 있습니다. 기본예절 교육을 하고 싶으시면, 직접 하셔도 됩니다. 서점에서 훌륭한 책들을 골라 공부하면 충분히 아이들을 교육할 수 있습니다. 문제 행동이 있는 아이라면 유능한 전문가에게 조언을 받아 직접 교육을 통해 수정할 수 있습니다.

인터넷에서 교육이나 행동 교정 방법을 찾아 시도해 봅니다. 일주일 정도 교육을 해 봅니다. 일주일에 아이들 교육이 제대로 되지 않고 수정되지 않으니, 인터넷에서 다른 방법을 찾아 일주일 정도 교육을 시도해 봅니다.

그래도 안 되면 다른 방법을 찾아 또 교육해 봅니다.

왜? 왜? 왜 이런 행동을 하지? 행동하는 이유를 찾아야 합니다.

어떤 교육이든 시간이 필요합니다. 사실 강아지들보다 보호자의 인내가 더 필요합니다. 검증된 훈련소가 아니라면 강아지에게 그리 유쾌한 곳이 아닐 확률이 높습니다. 강아지들은 엄마·아빠 곁에 있고 싶어 하고, 자유를 누리기를 원하고 있습니다. 다시 한번 생각해 주세요.

강아지는 일상적으로 반복되는 생활에서 편안함을 느낍니다. 불안한 상황 또는 낯선 대상에 대해 불안과 경계를 느끼게 됩니다. 문제 행동의 원인이기도 합니다.

최대한 편안한 환경을 만들어 주어야 합니다.

강아지들은 우리를 무한히 사랑하고 신뢰하고 있습니다. 우리도 강아지들을 정말 사랑하고 있습니다.

정말 서로 사랑한다면 가장 인간적이며 서로 행복할 교육 방법을 찾아야 하지 않을까요?

* 추천도서

이안 던바, 애견훈련 바이블, 비포 & 애프터

소피아 잉, 개는 어떻게 가르쳐야 하는가?

뉴스킷의 수도사, 뉴스킷 수도원의 강아지들,

뉴스킷 수도원의 강아지 훈련법

패트리샤 멕코넬, 당신의 몸짓은 개에게 무엇을 말하는가?

잭 페넬, 개가 행복해지는 긍정교육

스탠리 코렌, 개는 어떻게 말하는가?

카이라 선댄스 & 첼시, 애견놀이훈련 101

미수의행동심리학회, 강아지와 대화하기

카렌프라이어, 개를 춤추게 하는 클리커 트레이닝

Turid Rugaas, Calming Signals: What Your Dog Tells You

Turid Rugaas, My Dog Pulls. What Do I do?

Turid Rugaas, Barking. The sound of language

완벽한 방법은 없는 거 같습니다. 추천도서들의 내용을 상호 보완하여 우리 강아지들에게 제일 나은 방법으로 교육해주면 강아지들이 감사해 할 겁니다.

35. 벌 효과가 있을까?

벌을 주지 않는 것이 최선이지만, 어쩔 수 없는 상황도 있을 수 있습니다.

원치 않는 행동을 할 가능성을 최대한 줄이고, 원치 않는 행동을 하기 전에 다른 대체 행동을 강화해 주어야 합니다 [예: 짖기, 으르렁 대기를 앉는 행동으로]. 우리 강아지의 행동 패턴을 관찰하고 이해했다면, 예방하는 것이 최선입니다.

어쩔 수 없이 벌을 주었다면, 화해도 바로 하는 것이 좋습니다.

화해할 때 무언가[예: 앉기]를 시키고 그것에 대한 보상을 주어야 합니다.

① 처벌은 현행범일 때 해야 합니다.

강아지가 원하지 않는 행동을 했을 때, 일정 시간이 지난 후에 처벌을 주는 것은 효과가 없습니다. 자기 행동과 연관 짓지 못하며, 보호자의 감정 및 행동에 연관 짓기도 합니다. 예를 들어 배변 실수를 해서 혼을 내면, 배변이 아니라 흥분한 보호자의 감정과 행동을 진정시키려고 엎드리거나 숨는 행동을 하기도 합니다. 우리는 잘못을 뉘우치는 것으로 오해하지만, 사실 강아지는 흥분 좀 그만하라고 말하는 것뿐입니다.

② 처벌은 감정이 개입되지 않은 상태에서 매번 주어야 합니다.

주다가 안 줄 경우 역효과를 초래할 수 있습니다.

[강한 강화를 시키는 결과]

③ 강아지들이 처벌에 익숙하게 만들므로 점점 강하게 주어야 합니다.

사람이 강아지들에게 힘을 사용해서 무언가를 시키려 한다면, 어제의 힘 +1의 힘이 필요할 겁니다. 이미 싫은 것을 강제로 당한 경험이 있으니, 조금 저항할 수 있습니다. 내일, 사람이 강아지들에게 힘을 사용해서 무언가를 시키려 한다면, 또 어제의 힘 +1의 힘이 필요할 겁니다. 어제보다 강한 저항을 할 수 있습니다.

매일 매일 아이들에게 더 강한 힘을 쓰셔야 하고, 더 큰 목소리를 내야 할 겁니다. 강아지들이 더 큰 저항을 할 수 있습니다.

④ 처벌은 공격성을 유발할 수 있습니다.

방향이 전환된 공격성이 나타날 수 있습니다. 초크 체인을 사용할 때 처음 몇 번은 참지만, 보호자에게 뛰어들어 물 수 있는데요. 리드 줄을 홱 잡아당길 때 보호자에게 점프하며 깨무는 경우가 의외로 많습니다.

⑤ 처벌은 강아지의 몸짓 언어를 숨기게 합니다.

예를 들어 강아지가 으르렁거리거나 입술을 올리는 등의 공격 신호를 보였을 때, 공격성을 줄일 목적으로 처벌을 주면, 강아지는 어느 순간에 갑자기 공격 신호 없이 공격하게 될 수도 있습니다.

⑥ 처벌은 강아지들을 무기력하게 만듭니다.

보상을 잘못하면 교육이 잘 안 되지만, 처벌을 잘못 주면 아이들의 성격과 기질을 바꾸며 만성적인 스트레스로 인한 또 다른 원치 않는 행동을 유발할 수 있습니다.

처벌 줄 때, 의도와는 정반대로 갈 수 있다는 것을 명심해야 합니다. 강아지는 연상을 통해 학습할 수 있으므로 환경, 대상, 사람, 개에 대해서까지 기억하여 무서워하거나 예민해질 수 있습니다. 또한, 그러한 것들을 일반화시킬 수 있습니다.

벌을 주어야 한다면, 현행범일 때 그 순간을 나쁜 기억으로 남게 하는 방식[보호자가 준다는 것을 가능한 한 눈치채지 못하게 놀라게 하기[예: 책이나 상자 떨어뜨리기]], 무시하기와 움직이지 못하게 하는 방법[말은 가능한 하지 않으면서 '안돼', 'No' 등]으로 주어야 합니다.

강아지는 똑똑하다는 것을 명심해야 하는 이유입니다.

36. 강아지들의 학습법

1. 습관화　홍수법[flooding]과 체계적 탈감각화[systematic
   desensitization],
   반복적인 자극에 의해 반응하지 않도록 한다.
2. 연상 학습 보상과 처벌의 연계로 인한 행동 변화[고전적 조건 형성]
3. 시행착오　반복적인 경험으로 인한 행동 변화[조작적 조건 형성]
4. 모방　　다른 강아지를 흉내 내는 행동

강아지의 학습 방법 중 알맞은 조합은 체계적 탈감각화와 역조건 형성을 조합해서 사용하는 것이 가장 이상적입니다. 강아지의 감정 상태를 바꾸는 것이 핵심입니다.

예를 들어, 강아지가 다른 강아지나 사람에 대해 두려워하고 있어서 짖는다면, 짖음을 멈추거나 줄이는 방법은 두려워하는 대상을 긍정적인 대상으로 바꾸어야 하는데요. 중요한 것은 강아지의 감정 상태를 바꾸어 주어야 합니다.
강아지의 이름을 불러, 보호자에게 관심을 보이도록 한 후 '앉아'를 시켜 집중하도록 하면 짖음을 멈출 수 있습니다. 이때 타이밍이 정말 중요한데요. 이름을 불렀을 때 쳐다보려고 고개를 돌리는 순간이 칭찬 타이밍이며, 강아지가 앉으려 뒷다리와 엉덩이가 내려가는 순간이 칭찬 타이밍입니다.

재빨리 간식으로 보상을 주면 점진적으로 강아지는 다른 강아지나 사람에 대해 두려움의 대상이 아닌 긍정적 대상으로 간주하게 되는 원리입니다.

예1 둘째를 입양한 첫날 친하게 만들기

홍수법

두 강아지가 서로 익숙해질 때까지 집안 특정 공간에 같이 둔다.
서열을 스스로 정해서 익숙해지도록 한다.

탈감각화

처음에는 둘 다 어느 공간에 거리를 멀리 두고 점차 서로 익숙해지고 편안해지면 거리를 점차 좁힌다.

고전적 역조건 형성

서로 가까이 있을 때 칭찬하거나 관심을 주면서 간식으로 보상하고, 떨어져 있을 때는 칭찬과 관심을 두지 않으며, 먹을 때는 가능하면 서로에게 관심을 가지지 않도록 거리를 유지해 준다.

조작적 역조건 형성

서로에게 무관심하도록 양립할 수 없는 기본예절 교육인 각자에게 '앉아'나 '엎드려'를 시켜 보호자에게 관심과 집중을 하도록 한다. 상대편 강아지에게 관심을 가지는 것이 아니라 각자의 행동에 관심과 집중을 하도록 한다.

예2 처음 보는 강아지를 무서워하는 강아지의 행동 교정하기

홍수법

개를 낯선 강아지가 있는 공간에 두고 익숙해질 때까지 기다린다.

탈감각화

처음 보는 강아지를 멀리 떨어져 있게 하고 강아지가 편안해지면 점진적으로 거리를 좁히면서 익숙해지도록 한다.

고전적 역조건 형성

처음 보는 강아지와 긍정적으로 연관 짓도록 한다.

처음 보는 강아지를 볼 때마다 간식을 준다.

조작적 역조건 형성

동시에 할 수 없는 행동을 가르친다. 이때 강아지가 좋아하는 것과 연관 짓는 행동을 알려 주어야 한다. 이름을 불러 쳐다보면 칭찬하고 '앉아'를 시켜 간식으로 보상해준다. 또는 우리에게 집중할 수 있도록 강아지가 좋아하는 장난감 교환 게임을 한다.

예3 멀미가 심한 강아지 차에 태우는 교육

홍수법

차멀미를 해도 상관없이 차멀미가 없어질 때까지 태우기를 반복한다.

탈감각화

차 근처에서 놀아 준다. 차에 대한 긍정적 이미지를 만들어 준다.

처음에는 시동을 끈 상태에서 차에 태우고, 익숙해지면 시동을 켠

상태에서 차에 태운다.

고전적 역조건 형성

자동차 시동을 끈 상태에서 차에 태우고, 차 안에서 간식을 준다.

조작적 역조건 형성

시동을 켠 상태에서 차에 태우고, 차 안에서 간식을 주며 놀아 준다.

시동 켠 상태에서 아주 짧게(30초) 돌기,

차 안에서 간식을 주며 놀아 준다.

5분 동네 돌기, 15분 돌기, 30분 돌기, 1시간 돌기 순서로

매일 매일 조금씩 시간을 늘린다.

37. 긍정 강화 교육[PRT: Positive Reinforcement Training] 이란?

강압적인 훈련이 아니라, 강아지 스스로 생각하고 행동하는 습관을 만드는 교육이 필요한 시대입니다. 조금 부족하면 어때요. 튼튼하고 똥꼬 발랄하게 꼬리 흔들며 함박웃음을 지으면 최고 아닌가요.

우리가 원하는 좋은 행동을 증가시키고, 반대로 원치 않은 나쁜 행동을 감소시키는 가장 이상적인 방법은 긍정 강화와 부정 처벌의 조합입니다. 좋은 행동을 늘어나게 하면 원하지 않는 행동은 반비례하여 감소시킬 수 있습니다.

심리학과 동물행동학에서 굉장히 중요한 개념입니다.

* 긍정[Positive]

　　Positive의 사전적 의미를 보면, '긍정적인'이라는 뜻이 있지만,
　　행동학에서 Positive의 정확한 의미는 '양[0]보다 많은',
　　혹은 '양[+]의' 의미이다.

* 부정[Negative]

　　Negative의 사전적 의미를 보면, '부정적인'이라는 뜻이 있지만,
　　행동학에서 Negative의 정확한 의미는 '영[0]보다 적은',
　　혹은 '음[-]의' 의미이다.

* 강화[Reinforcement]

　　내가 원하는 행동의 비율을 높이는 것.

* 처벌[Punishment]

　　내가 원하지 않는 행동의 비율을 낮추는 것. ['약화'라고도 함]

* 강화물[Reinforcer]

　　개가 좋아하는 것. [음식, 장난감, 놀이 등]

* 혐오 자극[Aversive Stimulus]

　　개가 싫어하는 것. [혐오 자극 : 외압, 위협적인 소리, 폭력, 위협적인 액
　　션 등] 긍정 처벌과 부정 강화의 경우 교육의 의도와는 다르게 오히려
　　악영향을 끼칠 수 있습니다.

1. Positive Reinforcement[긍정 강화]

: 원하는 행동을 했을 때, 좋아하는 것[강화물]을 주어 그 행동의 비율을 높인다.

> 예1 산책할 때, 옆에서 얌전히 잘 걸으면 간식을 준다.

> 예2 손님이 왔을 때, 조용히 대기하고 있으면 간식을 준다.

> 예3 정해진 배변 장소에 배변했을 때, 간식을 준다.

2. Negative Reinforcement[부정 강화]

: 원하는 행동을 했을 때, 싫어하는 것[혐오 자극]을 빼서 그 행동의 비율을 높인다.

> 예1 불러서 나에게 올 때까지 계속 소리를 지른다.

> 예2 산책할 때 개가 치고 나가면, 가만히 있을 때까지 초크 체인을 당긴다.

3. Positive Punishment[긍정 처벌]

: 원하지 않는 행동을 했을 때, 싫어하는 것 [혐오 자극]을 주어 그 행동의 비율을 줄인다.

> 예1 손님이 왔을 때 짖으면, 목줄을 당기며 소리를 크게 낸다.

> 예2 입에 있는 원반을 내려놓지 않으면, 주둥이를 때린다.

4. Negative Punishment[부정 처벌]

: 원하지 않는 행동을 했을 때, 좋아하는 것[강화물]을 빼서 그 행동의 비율을 줄인다.

> 예1 점프하며 달려드는 개에게 등을 돌린다.
>
> 또는 개가 원하는 관심을 제거한다.

> 예2 매번 식탁에 다가오는 개에게 눈길을 주지 않는다.

* 긍정 강화 교육의 장점 – "Thinking together training"

1. 교육 속도가 빠르다.

2. 사람과 동물 간의 신뢰와 교감을 쌓을 수 있다.

3. 강아지가 스스로 생각하고 행동하게 만들며, 오랫동안 기억한다.

4. 실수해도 다시 시작하면 된다. 강아지는 우리의 실수를 오히려 좋아한다.

5. 강아지가 열정적으로 교육에 참여할 수 있다.

다섯.

자유

-

소리 없이 행동으로 보여주는
Thinking training

38. 마시멜로 테스트, 욕구 좌절 참을성

미국 스탠퍼드 대학교의 월터 미셸[Walter Mischel] 교수의 연구팀은 유치원 아이들에게 마시멜로를 놓은 상태에서 15분을 먹지 않고 기다리게 하는 실험을 하였습니다. 실험하는 방에서 놓여 있는 마시멜로를 바로 한 개 먹을 수 있지만, 15분을 참으면 마시멜로 두 개를 주는 것이었습니다. 대부분 아이가 참지 못하였고, 3분의 1의 아이들만 참고 마시멜로 두 개를 먹을 수 있었습니다. 그리고 10여 년이 지난 후 추적 조사를 하여 성공한 아이들과 그렇지 못한 아이들의 학습능력[SAT]과의 상관성을 연구하였습니다. 참는 아이들의 학업 성취도가 상대적으로 높았다고 합니다. 자기 스스로 행동을 조절하고 욕구를 참는 것이 굉장히 중요하다는 연구 결과를 내놓았습니다.

강아지에게 욕구에 대해 인내심을 가지고 참을성 있게 행동하게 하려면, 동시에 다른 행동을 할 수 있도록 만들어 주어야 합니다. 예를 들면 놀자고 점프하는 강아지에게 동시에 할 수 없는 '앉아'를 시키는 건데요. 만약 간식에 관심이 있다면 자연스럽게 '앉아'를 할 수 있습니다.

강아지의 경우, 욕구가 좌절되었을 때 주로 짖거나, 깨물거나, 점프하거나 자기의 의사 표현을 바로 합니다. 짖으면 소음이 발생하는 것이 걱정돼서 바로 원하는 것을 들어 주는 경우가 많습니다. 강아지가 원하는 것을 달라고 점프하니, 자연스럽게 소리 지르며 거부하고 또는 원하는 것을 들어 주기도 합니다. 손으로 막거나 몸으로 막으면 강아지 입이 사람의 신체와 접촉할 때도 있습니다.

강아지는 한번 원하는 것을 가지게 되면, 그때부터는 지속해서 요구할 수 있습니다. 이미 학습이 되었습니다.

강아지는 영리합니다. 자기가 어떻게 하면 원하는 것을 취할 수 있는지 정확히 이해하고 있습니다.

평상시, 강아지에게 욕구 좌절 참을성을 교육해야 합니다.

첫 번째는 실내에서 '기다려'를 확실히 몸에 배도록 해야 합니다.

처음이 어렵습니다. 하지만 3초, 5초, 10초, 30초, 1분, 2분, 3분까지 한다면 강아지는 30분도 할 수 있습니다. 이렇게 기다릴 수 있다면 강아지는 인내심, 참을성, 독립심을 키워나갈 수 있습니다. 밥을 먹을 때나, 간식을 먹을 때도 기다릴 수 있는 교육을 꾸준히 해 주어야 합니다. 기다린 후의 보상은 즐거운 목소리의 칭찬과 밥이 될 수 있고, 간식이 될 수도 있고, 장난감이 될 수 있습니다.

두 번째는 실내에서 연습이 되었다면, 외부로 나가서 연습해야 합니다.

조용한 산책길에서 기다려 교육을 하는 것입니다. 처음에는 짧게 점차 시간을 늘려가면서 해 주어야 합니다. 강아지가 교육을 잘 따라오고 있다면, 보상을 확실히 해 주어야 합니다.

세 번째는 강아지가 좋아하는 운동장이나 수영장에서 교육하는 것입니다.

'기다려' 동작을 하고, 그것에 대한 보상으로 수영을 하도록 한다든지, 간식을 주든지, 공 장난감을 줍니다. 이 자체가 강아지에게는 큰 보상이 될 수 있습니다.

평상시에 이런 '기다려' 교육이 잘 되어있고, 기다린 것에 대해 충분한 보상이 강아지들에게 주어진다면 흥분을 조절하는 능력이 생깁니다.

저는 운동장에서도 보호자들에게 이야기합니다. 친구들과 노는 중간에 10초~30초 정도 '앉아-기다려'를 하도록 한 후, 보상으로 다시 친구들과 놀도록 해주면 아이들이 흥분을 조절하는 능력을 키울 수 있다는 것을요.

이것을 잘하는 강아지들과 하지 못하는 강아지들의 차이는 매우 큽니다. 보호자와의 신뢰 및 집중력의 차이가 납니다. 결국은 우리가 예상하지 못하는 상황에서도 보호자의 말을 들을 수 있습니다. 사고를 예방할 수도 있습니다.

강아지는 굉장히 영리합니다. 자기가 얻으려고 하는 것들에 대한 집념이 있습니다. 이러한 기질을 이용해 사람이 교육할 수 있습니다. 조금씩 조금씩 더 참도록 할 수 있습니다. 이 세상에 공짜는 없다는 사실과 무엇을 얻기 위해서는 강아지도 무엇을 해야 한다는 간단한 진리를 알아가도록 해주는 것 또한 보호자의 몫입니다.

39. 밀당의 고수, 먼저 말을 하는 순간 지는 겁니다

연애의 정석, 밀고 당기기에서 이겨야 한다고 합니다.

연인 사이에 이기고 지는 것이 왜 중요한지 모르겠지만, "애간장을 태우게 해서 따라오게 만들어라."라는 이야기인 거 같습니다.

보호자와 함께 강아지 동반 교육을 하다 보면 자주 접하는 것 중의 하나가 많은 말을 하고, 명령어를 반복해서 사용하는 것입니다. 듣지도 않고, 집중하지도 않는 명령어는 할 필요가 없습니다. 이해 못 하는 사람의 말도 필요 없습니다. 행동으로 보여 주면 됩니다.

밀고 당기기를 해야 합니다.

강아지가 정말 좋아하는 맛난 간식을 냄새 맡게 하고요. 놀고 싶어 안달이 나는 장난감을 보여 주세요. 호주머니에 넣고 그냥 먼 산을 쳐다보고 몇 걸음 움직이고, 강아지 이름을 불러 보세요. 어떤 반응을 보이는지, 분명 총알처럼 달려올 겁니다. '이리 와'를 할 필요도 없습니다.

달려오면 눈을 보면서 그냥 서 있습니다. 다른 말도 필요 없습니다. 초집중 자세가 됩니다. 말을 하면 지는 것입니다.

원치 않는 행동을 할 때도 마찬가지입니다. 이름은 절대 부르지 말고요. "야, 안 돼.", "너 때문에 창피해 죽겠어." 등의 말도 필요 없습니다. 오히려 흥분하도록 자극할 뿐입니다.

리드 줄 채우고요. 리드 줄 길이를 1m 정도로 잡고 그냥 서 있습니다. 아무 말도 필요 없습니다. 점프할 수 있지만, 우리의 등으로 막고 서 있으면 됩니다.

외부로 튕겨 나가려고 하면 리드 줄을 확 채지 말고, 꽉 잡고 움직이지 못하도록 나무처럼 서 있으면 됩니다. 대형견의 경우 여성분이라면 힘들 수 있지만, 움직이지 못하게 최대한 꽉 잡고 맛난 간식을 보여주면 스스로 무언가를 할 겁니다.

흥분하도록 자극하는 말, 우리의 부정적인 감정이 실린 말을 하는 순간 지는 것입니다.

강아지가 침착하도록 평온한 톤으로, 눈을 보며 사랑한다는 말, 혼자 하고 싶은 말, 당부의 말은 얼마든지 해도 됩니다. 서로의 신뢰가 쌓여가는 말이 될 테니까요.

40. 리셋, 강아지와의 관계 재정립

강아지 문제 행동 고치기.

어떤 동작이나 행동이 문제 행동이라고 할 때 어떻게 고쳐야 할까요?

제일 중요하게 고려해야 하는 것은 보호자와 강아지의 관계입니다.

미시적으로 행동에 관점을 두기보다는 거시적으로 관계를 먼저 재정립해야 합니다. 강아지와 보호자와의 신뢰 관계가 정립된 후, 문제 행동의 원인을 파악하고, 원인을 제거하고, 고치는 과정을 밟으면 됩니다. 첫 번째 상호 신뢰하고 교감할 수 있는 관계를 만드는 것입니다. 두 번째 보호자에게 집중할 수 있는 교육을 해 주어야 합니다.

강아지의 감정 상태를 바꾸어야 하는 것들은 보호자가 해 주어야 합니다. TV에 나오는 단순 훈련으로 달라지지 않을 수 있습니다. 보이는 것보다, 강아지의 근본적인 심리 변화를 만들어야 합니다.

예를 들어 불안해서 짖는 강아지, 공격적인 강아지에게 짖지 말라고, 공격성 보이지 말라고 훈련한다면, 강압과 복종 훈련을 통해 훈련을 시킬 수도 있습니다. 그러나 근본적인 강아지의 심리는 달라지지 않을 것입니다. 소리치고, 강압적으로 목줄을 홱 잡아당긴다면 더욱더 상황을 악화시킬 뿐입니다. 심리적 변화를 만들어야 합니다.

강아지가 "왕왕" 짖습니다.

"야! 다롱이! 다롱이! 왜 짖어!"

"조용히 해!"

보호자가 소리칩니다.

"야! 수박! 민원 들어온다. 제발 그만 짖어!"

사람의 소통 방식으로 강아지에게 말을 하고, 행동합니다. 강아지는 흥분한 사람의 말을 "더 짖어, 더 짖어."로 이해할 수 있습니다.

강아지는 흥분하고 말 많은 사람보다 침착하고 말이 별로 없는 사람을 신뢰하고 따릅니다.

집에서 강아지가 짖으면, 강아지 옆으로 가서 짖는 방향을 둘러봅니다. 창문을 열어 보기도 하고, 그쪽에 뭐가 있나 하는 동작을 합니다. 그리고 강아지를 보면서, 차분한 목소리로 "괜찮아."라고 말하고, "가자."라고 데리고 오면 됩니다. 그리고 집중할 수 있는 동작, "앉아."라고 한 후 잠시 기다리게 하고, "앉아."에 대한 보상으로 간식을 주거나 장난감을 주면 됩니다. 상황별로 다르겠지만, 신뢰가 쌓이고 집중하게 하는 교육을 해준다면 분명 좋아질 겁니다.

보호자만이 하실 수 있습니다. 반려견 행동 전문가는 도와주는 역할입니다. 불안해서 짖고, 공격적인 강아지에게 보호자와의 신뢰가 쌓인다면, 불안을 극복할 수 있습니다. 불안을 치유할 수 있습니다.

짖는 것과 먹는 것은 동시에 할 수 없습니다. 이렇게 대체 행동을 하게 만들고, 대상에 대해 무서워하거나 경계하는 감정을 다른 곳에 집중하게 함으로써 그 대상을 극복하도록 탈감각화를 해주면 달라질 수 있습니다.

즐겁게 같이 산책하고, 놀면 좋아질 겁니다. 보호자와 강아지가 생활한다는 것은 서로 믿고 신뢰하고 이해하는 관계를 만들어 가는 과정입니다.

서로 생활하다가 오해가 생길 때도 있을 수 있습니다. 강아지는 단순합니다. 자기들의 언어로 우리에게 전달하려고 노력합니다. 이제 우리가 응답할 차례입니다. 강아지와 살아가는 환경은 각자 다릅니다. 보호자가 다르니까요.

강아지에게 문제 행동이 있다면, 보호자의 문제일 가능성이 큽니다.

41. 흔들리지 않는 사랑스러운 눈길

강아지의 모든 것을 좋아합니다. 강아지의 활짝 웃는 미소, 걷는 모습, 감정 표현, 심각하지 않은 단순함, 놀기 좋아하는 것, 장난꾸러기 같은 모습이 좋습니다.

강아지 교육에서 중요하게 생각하는 것이 있습니다. 강아지 앞에서 한결같은 평온한 태도와 강아지를 바라보는 흔들림 없는 사랑스러운 눈길입니다. 밀고 당기기에서 말을 하면 진다고 했습니다.

더불어 마음이 평온해야 합니다. 침착함을 유지해야 합니다.

대부분 보호자는 강아지 교육을 할 때 조급해하거나 화를 내거나 언성을 높입니다. 어떤 상황 속에서도 평온하고 단호한 태도로 반려견을 맞이해야 합니다. 강아지는 말 많은 사람을 신뢰하지 않습니다. 소음 유발자입니다. 조용히 기다리면 됩니다. 강아지와의 교육 시간이 즐거운 놀이가 되고, 평화로운 시간이 될 수 있습니다.

차분히 서서 사랑스러운 눈으로 쳐다보며, 명랑하고 즐거운 목소리로 이름을 부릅니다.

"아리!"

"복덩이!"

"미남!"

어떤 일이 벌어지는지 지켜보세요. 분명 강아지들은 잠시 생각하고 무언가를 할 겁니다. 그때 칭찬하고 안아 주세요. 생각만으로 행복해지지 않나요?

주위를 둘러보세요. 사람들 간의 대화를 들어 보세요. 너무 말이 많습니다. 사람은 사람의 소통 방식으로 대화를 나누지만, 강아지에게는 분명 스트레스입니다.

아내가 카페에 올린 글입니다.

"

엉덩이춤은 보통 반려견들이 엄마 아빠가 들어올 때, 반가운 사람을 만났을 때 하는 행동입니다. 특히 대형견들의 엉덩이춤은 얼마나 행복한지를 저절로 느끼게 해줍니다.

도로시를 방문한 미남이[래브라도 레트리버]는 너무 싫어하는 목욕을 하고 도로시샘께 짧은 교육을 받았습니다. 전 탐탁지 않았죠. 싫은 목욕을 하고 스트레스받았을 텐데 또 교육이라니….

교육 내용은 '놔둬'였습니다. 간식을 좋아하는 보통의 아이들에게 '놔둬' 교육은 꼭 필요한 교육이지만 참 힘든 교육이라 전 생각했었습니다.

필립이와 앙리는 매일 그 교육을 하는데 그럴 때마다 전 전문가가 아니니 그냥 모른 척하지만 어떨 때는 제 속이 부글부글하기도 했었거든요.

그런데…….

도로시샘이 교육을 시작하고 미남이는 생각을 시작합니다. 시간이 꽤 흐르고 포기할 법도 한데 미남이는 계속 생각합니다. 보고 있는 저를 비롯한 보호자들 옆에 있는 견공들마저 숨죽이고 미남이의 행동을 주시합니다.

순간 우와~~~!!! 미남이는 생각을 마친 후 멋지게 도로시샘의 목표에 맞는 행동을 해주었습니다. '엎드려'를 평소에는 하지 않던 미남이가 얌전히 '엎드려'를 했습니다.

더 감동이었던 건 그 후 미남이의 행동이었습니다. 미남인 엉덩이춤과 함께 엄마 아빠에게 달려가는 겁니다. '엄마 아빠, 나 잘했지요? 너무 잘했지요?' 하면서. 저는 순간 눈물이 핑 돌았습니다.

우리 아이들은 너무 똑똑합니다. 많은 생각을 하고 결정할 수 있습니다.

열심히 생각하고 무언가를 해냈을 때 성취감을 느낍니다.

미남아! 아줌마에게 또 하나의 오답 노트를 만들어 주어서 고마워^^

사랑해~~~

"

저는 강아지와 교육을 하면서 항상 생각하는 것이 있습니다.

'믿고 기다리자.'

42. 강아지 세계 공용어, '카밍 시그널'이란?

강아지는 무리를 이루며 사는 사회적 동물인데요. 사회적 동물은 구성원들 간 의사소통을 위해 소리나 몸짓을 통해 의사 전달을 하게 됩니다. 특히 소리와 몸짓 신호가 발달한 동물이 바로 갯과 동물인 개와 늑대입니다.

앙리에게 힘이 좋고, 덩치 큰 레트리버가 다가와 냄새를 맡으려고 합니다. "왕왕" 하면서 다른 곳을 쳐다봅니다.

다른 강아지가 냄새를 맡으려고 다가오면 필립이는 자리에 앉거나 엎드립니다.

카밍 시그널이라는 용어는 노르웨이의 훈련사인 투리드 루카스에 의해 처음 사용되었으며 30여 가지의 종류가 있다고 알려져 있습니다. 늑대에게는 cut-off signal이라고 해서 서로 간의 싸움이나 충돌을 방지하고 흥분을 조절하도록 하는 몸짓이나 소리 신호들이 있습니다.

개체별로 카밍 시그널을 사용하는 것은 차이가 있을 수 있습니다. 전 세계 모든 강아지가 정도의 차이는 있으나 같은 언어를 사용하고 있습니다. 우리가 카밍 시그널을 이해했다면, 세계 어디에서 강아지를 만나도 강아지와 소통하며 교감할 수 있게 되는 것입니다.

카밍 시그널은 강아지 신체의 크기나 신체별, 부위별 크기에 따라 미세하게 표현할 수 있으므로 강아지가 상황별로 어떤 카밍 시그널을 사용하는지, 그리고 한 가지만 사용하는 것이 아니라 여러 가지를 동시에 사용하므로 주의 깊게 관찰해야 합니다. 먼저 부위별로 관찰하면서 전체로 넓혀 가면서 보는 것이 좋습니다.

"불안을 전할 때"

나 불편하거든!

"적의 없음을 전할 때"

너와 친해지고 싶어

또는 너를 해치지 않는 강아지야!

1. Sniffing Ground

[냄새 맡기]

2. Looking away & Head turning

[다른 곳 쳐다보기]

3. Turning away

[등 돌리기]

4. Licking nose

[코 핥기]

5. Scratching

[발로 몸 긁기]

6. Blinking eyes

[눈 깜빡이기]

7. Smacking Lips

[발로 입 건들기]

8. Lifting paws

[앞발 한쪽 들기]

9. Peeing

[오줌 지리기]

10. Freezing

[얼음 되기]

11. Sitting

[앉기]

12. Barking

[짖기]

1. Moving slowly, Walking slowly

[천천히 움직이기]

2. Lifting paws

[앞발 한 쪽 들기]

3. Play Bowing

[놀자 표시하기]

4. Softening the eyes

[눈을 가늘게 뜨기]

5. Curving

[돌아서 가기]

6. Freezing

[얼음 되기]

7. Wagging tail

[꼬리 흔들기]

8. Peeing

[오줌 지리기]

9. Sniffing Ground

[냄새 맡기]

10. Yawning

[하품하기]

11. Laying down

[엎드리기]

12. Sitting

[앉기]

"상대를 진정시킬 때"

"흥분을 가라앉힐 때"

너희들 너무 **up**이니 이제 그만하지!

1. Yawning

[하품하기]

2. Splitting up

[끼어들기]

3. Turning away

[등 돌리기]

4. Laying down

[엎드리기]

5. Sitting

[앉기]

적의가 없음을 알릴 때의 카밍 시그널과 너무 흥분한 강아지를 진정시킬 때 사용하는 카밍 시그널 중에 엎드리기와 앉기가 중복되어 있습니다. 강아지에게 '앉아'와 '엎드려' 교육이 꼭 필요한 이유입니다.

43. 기본예절 교육 전 워밍업

퇴근해 집에 들어가면 강아지가 달려오면서 "왕왕", 점프를 합니다.

"이뻐 죽겠어!" 하면서 강아지를 안고 뽀뽀를 합니다.

"심심했지!" 하면서 간식을 입에 넣어 줍니다.

이렇게 자란 아이는 습관처럼 사랑과 관심받는 것에 익숙해집니다.

제가 퇴근하면, 현관문 버튼 소리에 필립이와 앙리는 흥분합니다.

앙리는 "왕왕, 왕왕, 왕왕" 세 번 정도 짖습니다.

필립이는 입에 수건 또는 의자에 걸려 있던 옷을 입에 뭅니다.

그리고 둘 다 꼬리를 흔듭니다.

아빠는 눈도 마주치지 않고, 가방을 내려놓고 화장실로 갑니다.

손을 씻고, 잠시 있다가 나와 옷을 갈아입습니다.

필립이와 앙리는 엎드려 이 모습을 얌전히 지켜봅니다.

우리 강아지가 단순히 기계적으로 하는 재주가 아니라 스스로 생각해서 결정하고, 습관처럼 행동하도록 해야 합니다.

기본예절 교육 전에 몇 가지 순서 및 원칙이 있습니다.

① '이 세상에 공짜는 없다'를 알려 줍니다. 원하는 행동을 했을 때는 보상을 해 주고, 원하지 않는 행동에는 보상하지 않습니다 [원하지 않는 행동을 할 때는 무시합니다].

② 원하는 행동을 습관처럼 할 수 있도록 최대한 반복적으로 합니다.

③ 원하는 행동이 습관처럼 되었을 때 보상을 불규칙적으로 해 주어야 합니다[예상하지 못하도록 비율을 바꾸어 주어야 합니다]. 보상에는 간식, 칭찬, 터칭, 장난감 등으로 강아지가 좋아하는 것을 사용하는 것이 좋습니다.

④ 행동이 완벽하게 되었을 때 명령어[신호 단어]를 덧씌웁니다.

⑤ 명령어는 필요할 때만 최소한으로 사용합니다. 명령어는 한 번만 합니다. 두 번 이상은 오히려 무시하는 법을 가르칠 수 있습니다. 칭찬할 일이 있다면 칭찬은 얼마든지 해도 좋습니다.

⑥ 앉는 동작은 모든 동작의 기본으로 생각해야 하는데요. 자동으로 무의식적으로 앉도록 해야 합니다. 문제 행동을 예방하며, 흥분을 조절하며, 인내심과 독립심을 기르는 바탕이 되기 때문입니다. 반복하다 보면, 환경이 바뀌어도 생각하면서 앉을 수 있습니다.

⑦ 교육은 재미있어야 합니다. 재미없는 수업은 내용이 아무리 좋아도 졸게 만드는 것처럼, 강아지에게 교육을 즐거운 놀이처럼 만들어야 합니다. 이렇게 되면 강아지는 우리와 함께 하는 시간이 즐겁고 집중하게 될 것입니다.

⑧ 표시 단어, 즉 강아지가 원하는 행동을 하고 있다는 것을 가르치는 건데요. '옳지' 또는 '예스' 단어를 활기찬 목소리로 사용해야 합니다. 원하는 행동과 보상과의 시차를 연결해주는 단어라고 보시면 됩니다.

강아지 교육 7계명

1. 이름 부르며 혼내지 말기.
2. '이리와'해서 오는 강아지 혼내지 말기.

   이름을 불렀는데 쳐다보지 않을 거 같으면 부르지 말고, '이리와'를 하는 상황에 반려견이 오지 않을 거 같으면 직접 가서 데리고 와야 합니다.
3. 혼낼 때 손이나 도구 사용하지 말기.
4. 입에 있는 물건 강제로 뺏지 말기.
5. 명령어 반복하지 말기.
6. 지시할 때도 순서가 있는데요.

   이름-명령어-칭찬, 명령어-이름을 부르지 않도록 합니다.
7. '기다려' 명령어를 사용할 때는 이름을 부르지 않습니다.

44. 기본예절 교육 - Thinking training

기본예절 교육은 강아지들을 통제하기 위한 교육이 아니라 신뢰를 쌓아가는 과정으로 교육 시간이 서로에게 즐겁고 행복한 시간이 되어야 합니다. 강아지 스스로 상황에 맞게 생각해서 할 수 있도록, 초기에는 명령어나 지시어를 사용하지 않습니다[Thinking training].

강아지 교육을 시작할 때 호흡을 가다듬고, 편안한 마음으로 시작해야 합니다.

1 목소리 톤을 이용하여 교육의 효과를 극대화해야 합니다.

이름을 부르거나 어떤 동작을 시작하는 것이라면 톤을 고음[파나 솔]으로, 높고 활기차며 명랑한 목소리를 이용하자. 제어하거나 동작을 멈추게 하는 명령어라면 낮은 저음[레] 톤으로 애정이 담긴 목소리를 내보자.

2 먼저 강아지가 동작을 완벽하게 익힌 후, 명령어는 덧씌우는 것입니다.

3 기본예절 교육을 할 때는 강아지의 나이 및 컨디션을 체크하여 시간 조절을 해야 합니다.

인내심을 가지고 단계별로 진행해야 한다. 강아지가 집중하지 못한다면 잠시 놀게 한 후 다시 교육을 시작하도록 한다. 교육 시간은 가능하면 10분을 넘지 않는 것이 좋다.

4 시간은 내 편이다.

기본예절 교육은 다른 종의 행동과 심리를 이해하고 관찰하는 과정이다. 이 과정이 어려울 수도 있다. 따라서 가족으로 맞이한 강아지를 우리는 사랑으로 보살피고 기다려 줄 수 있어야 한다.

5 강아지의 에너지를 읽어야 합니다.

에너지 넘칠 때는 누구나 집중하기 힘들다. 강아지는 천성적으로 놀기를 좋아한다. 놀고 난 후 배가 고파 식사를 하고, 편안하게 쉬다가 잠을 자는 것이 일이다. 그야말로 한량이다. 그리고 에너지가 다시 충전되면 다시 놀고, 먹고, 쉬고, 자고를 반복한다. 여기에 교육이 들어갔다면 우리는 어디에 교육 시간을 두어야 할까? 놀고 난 후 강아지 에너지 배터리가 소모되어 배가 고플 때가 집중하기 쉬우므로 적기이다.

명심해야 합니다. 보호자와 강아지 모두 교육은 신나고 재미있어야 합니다.

1. '쭈쭈' 소리를 알려주기

'쭈쭈'는 우리에게 집중하게 교육하는 것입니다.

조용하고 집중할 수 있는 공간에서부터 시작하고요. 집안 방에서 먼저 하고, 거실로 옮겨서 합니다. 그리고 외부로 나가서 연습하도록 합니다. 처음에는 집중하지 않을 수 있으니 실망하지 말아 주세요. 강아지는 똑똑하다는 믿음과 그리고 '시간은 내 편이다'라는 마음을 가지고 시도해야 합니다. 만약 한 번 성공했다면, 그땐 이미 성공한 것과 같습니다.

① 먼저 강아지와 눈을 마주치면서, '쭈쭈' 소리를 내면서 바로 간식을 신속하게 줍니다. 이 연습을 꾸준히 하루 이틀 정도 하면 강아지는 '쭈쭈' 소리가 날 때 쳐다볼 것입니다.

② 강아지와 가까이 있다가 빠르게 움직이면서 '쭈쭈' 소리를 냅니다. 이때 강아지가 내가 움직인 방향으로 고개를 돌리고 따라오면 먼저 '예스'나 '옳지'라고 칭찬과 동시에 간식으로 바로 보상합니다(얼음 땡 놀이). 움직이는 물체나 행동에 집중하는 교육입니다.

③ '쭈쭈' 소리가 간식과 칭찬을 연관 짓도록 반복적으로 연습합니다.

④ 명심해야 할 것은 간식을 간헐적 보상으로 점차 바꾸어 주어야 합니다. 언제 간식이 나올지 모르게 하면 됩니다.

'쭈쭈' 소리를 이용해 강아지로부터 관심을 끌고 집중하게 하는 교육은 매일 매일 습관화 될 수 있도록 해야 합니다. '쭈쭈' 소리도 강아지 이름과 마찬가지로 긍정적이고 재미난 소리로 인식되어야 합니다. '쭈쭈' 소리는 리드줄을 끄는 강아지와 편안한 산책과 행동 교정을 위해 가장 중요하고 필요한 과정입니다.

2. 이름 부르면 쳐다보게 하기

우리가 강아지 이름을 부르면 쳐다보도록 교육하는 것입니다. 이름은 항상 긍정적인 것으로 느껴지도록 해야 하며, 목소리는 명랑하고 활기차야 합니다.

① 이름을 부른 후 고개를 돌리는 순간이 칭찬의 타이밍입니다. 그리고 빠르게 간식으로 보상해줍니다.

② 강아지가 내 앞에 있다면, 재빨리 몇 걸음 움직이면서 이름을 부릅니다. 그러면 강아지는 자연스럽게 내가 움직인 방향으로 올 것입니다. 이때 '예스'나 '옳지'로 먼저 칭찬한 후 가까이 오면 빠르게 간식으로 보상합니다.

③ 강아지가 이름을 칭찬과 간식으로 연상하도록 반복적으로 연습합니다.

④ 간식은 간헐적 보상으로 바꾸어 주어야 합니다. 그래야 우리에게 언제 나올지 모르는 기대감으로 더욱더 간절히 쳐다볼 것입니다.

'이름 부르기' 교육은 다른 기본예절 교육을 위해 반드시 교육해야 합니다. 이때 주의해야 할 점은 이름 부르기 교육 중에는 강아지가 우리를 쳐다볼 거라고 확신한 상태에서 이름을 불러야 합니다. 주변 상황이 산만하고 집중하지 못하는 상황에서 쳐다볼 확률이 낮다면 이름을 부르지 말아야 하고요. 또한, 반복적으로 이름을 부른다면 강아지에게 자기 이름을 무시하도록 만들 수 있습니다.

예를 들어 이름을 부르고 혼을 내거나, 반복적으로 이름을 부른다면, 강아지는 앞으로 이름을 부를 때 다른 곳을 보거나 우리 곁에 있으려 하지 않을 것입니다.

이름은 하나여야 합니다. "필립", "필립아", "필립이"는 다른 이름으로 느낄 수 있습니다. 이름 부르는 모든 사람이 한가지로 이름을 불러야 하며, 가능하다면 그 톤도 일관성이 있어야 합니다.

사람 아들, 딸에게 우리는 이렇게 이야기합니다.

"사람 아들, 왜 늦잠 자. 어젯밤 몇 시까지 게임 했어!"
"사람 딸, 몇 시까지 집에 들어오라고 했어, 왜 안 지켜!"

우리는 강아지 아빠, 엄마, 누나, 언니, 형, 오빠라 합니다. 그래서 우리의 언어로 강아지들을 혼내기도 하고요.

"필립, 누가 짖으래!"
"앙리, 누가 오줌 여기다 싸래!"

이름 부르며 혼내지 말아야 합니다. 지금까지 쌓아온 신뢰를 깨는 것입니다. 우리가 흥분해서 목소리를 높이고, 반복적으로 명령어를 사용하고, 갑자기 리드 줄을 확 잡아채는 순간, 강아지들이 보내는 움직임과 신호를 무시함으로써 지금까지 쌓아온 교육의 성과물들이 물거품이 되어 버릴 수도 있습니다.

어느 사람이 혼나고 잔소리 듣는 것을 좋아할까요.

신뢰 쌓기는 오랜 시간이 필요하지만, 무너뜨리는 것은 한순간입니다.

3. 앉기[Sit]

목표는 강아지가 우리를 볼 때마다 스스로 앉는 것입니다. 즉 우리에게 얌전히 앉아 집중하는 것입니다.

상암동 반려견 놀이터 입구에서 외국인과 진돗개가 인내심 내기를 하고 있었습니다.

외국인은 강아지에게 "sit, sit, sit"을 반복적으로 사용했습니다. 같은 자리에서 20번은 했을 겁니다.

보호자는 더운 여름 날씨에 얼굴이 상기되어 화가 난 표정이었습니다.

강아지는 이해할 수 없다는 표정과 겁먹은 표정을 하고 있었습니다.

너무 안타까워 제가 곁에 가서 한 이야기입니다.

"침착하고요. 자리를 옮겨서 다시 명령어를 해 보세요."
"지금은 아이가 집중이 안 됩니다."
"먼저 집중하게 하고, 다음에 명령어를 사용해 보세요."

'앉기'는 강아지의 카밍 시그널 중 하나이고요. 이 동작을 함으로써 강아지는 흥분을 조절할 수 있으며, 다른 강아지에게 편안함을 느끼게 하여 예의 바른 강아지라는 인식을 심어줄 수 있습니다. 또한, 짖음도 네 발을 바닥에 둘 때보다 부자연스럽게 나오기도 합니다. 이 동작을 완벽하게 했다면 점프하는 강아지, 흥분해서 입에 무는 강아지가 되는 것을 예방할 수 있습니다. 앉기 연습은 실내에서부터 완벽하게 한 후 방해 요소가 있는 장소로 옮겨가면서 연습하도록 합니다.

먼저 강아지의 이름이나 명령어는 사용하지 말아야 합니다.

① 간식을 보여주고 코 앞으로 가져갑니다.

② 간식을 코 앞에서 머리 위로 서서히 직각으로 올립니다.

이때 강아지는 간식을 향해 머리를 들게 되고, 자연스럽게 엉덩이는 내려가며 바닥에 붙이게 됩니다.

③ 강아지의 엉덩이가 앉기 시작하는 순간에 칭찬과 함께 간식을 재빨리 줍니다.

④ 같은 자리에서 하지 말고, 자리를 옮겨 가며 연습을 합니다.

이제 앉기 동작이 만들어진 것이고요. 이제부터 강아지가 생각하도록 만들어야 합니다.

⑤ 간식을 보여주고 강아지 앞에 서서 기다립니다.

강아지가 간식을 얻기 위해 생각할 것입니다. 강아지가 스스로 우리의 의도를 파악할 때까지 조용히 서서 기다립니다. 간식을 달라고 짖거나 점프할 수 있습니다. 이때 몸을 이용해 등을 돌리거나, 밀거나 무시해야 합니다. 손을 쓰거나 '안 돼'라는 말을 사용하지 않습니다. 이때 가능한 도도한 자세로 서서 시선을 마주치지 않으며 서 있어야 합니다.

⑥ 이때 강아지가 스스로 생각해서 앉게 되고, 앉으려고 엉덩이가 내려가는 순간 폭풍 칭찬과 함께 간식을 재빨리 줍니다. 강아지는 이제 앉는 것과 간식을 연상할 것입니다. 강아지가 다시 우리를 쳐다보며 앉을 때 빨리 보상을 해 줍니다.

⑦ 이제 움직이면서 '쭈쭈' 소리로 관심을 끌고, 우리 앞에 얌전히 앉으면 '옳지'와 함께 간식을 신속하게 줍니다.

이때 '쭈쭈' 소리에 관심을 두지 않는다면, 그냥 기다립니다. 인내심의 게임이 시작된 것입니다. 아쉬운 것은 강아지. 배고프고, 맛난 간식이 앞에 있으니 결국 우리에게 집중하고 얌전히 앉게 될 것입니다. 다시 일어나기 전에 간식으로 보상해 주어야 한다는 것을 명심해야 합니다. 연속해서 연습하면 강아지는 앉기가 능숙해질 것입니다.

⑧ 능숙해졌다면 명령어를 엉덩이가 내려가는 순간에 '앉아'라고 씌웁니다. 하지만 가능하다면 명령어는 최대한 자제합니다.

강아지는 무언가 우리에게 원하는 것이 있다면 습관적으로 예의 바르게 앉아야 하며, 필요한 것이 있을 때는 자동 반사적으로 앉는 것을 배우게 된 것입니다.

또 우리가 무엇을 원하는지 모를 때, 어떻게 해야 할지 모를 때 강아지는 앉게 될 것입니다.

강아지가 간식을 먹기 위해서는 앉아야 한다는 것을 알았다면, 이제부턴 간헐적 보상으로 강화해 주어야 합니다. 강아지가 우리에게 집중하고 얼굴을 보고 있을 때 칭찬과 함께 간식으로 보상해 주어야 합니다.

그렇다면 앉기가 왜 이렇게 중요한 것일까?

세상에 공짜는 없다. 무언가를 해야 간식, 장난감, 터칭, 칭찬을 받을 수 있다.

이제 강아지는 '짖거나, 점프하거나, 서 있는 상태에서는 보상을 받지 못한다'라는 것을 연관 지을 수 있게 되었습니다. 강아지 스스로 조절하는 방법을 배우게 되는데요. 흥분해서 짖거나 점프하는 것을 예방할 수 있으며, 행동 교정에도 사용할 수 있습니다. 밀고 당기기처럼 우리가 아주 약간 강아지보다 지능을 써서 어떻게 하면 강아지가 더 집중하게 만드는지는 강아지에 따라 다르게 해야 합니다. 아마도 가장 많은 시간을 같이하는 보호자가 가장 알맞은 방법으로 한다면, 그것이 최고의 방법일 것입니다.

● "얼음 땡 놀이"

앉기가 능숙하게 되었을 때 실내에서 자리를 옮겨 가면서 앉기 교육을 합니다. 재빠르게 움직여야 하고요. 그러면 강아지도 집중하면서 앉는 동작을 자연스럽게 할 것입니다. 이때도 강아지가 엉덩이를 앉으러 내려가 바닥에 앉는 순간에 칭찬하고 간식으로 보상해줍니다. 실내에서 얼음 땡 놀이를 능숙하게 한다면, 이제 외부로 나가 이 놀이를 합니다. 속도를 바꾸어 가며, 전후좌우 방향을 바꾸어 가며 이 놀이를 하고요. 자전거나 오토바이를 쫓아가거나 아이들에 달려들거나, 짖는 강아지, 고양이나 비둘기에게 달려가는 강아지들에게 미리 얼음 땡 놀이를 시작합니다. 걷는 속도, 움직이는 속도도 조절하고요. 아마도 다른 것에 신경 쓰지 않고 오직 우리의 눈과 행동에 집중하게 될 것입니다. 명심해야 할 점은 강아지가 먼저 발견하기 전 놀이가 시작되도록 해야 합니다. 강아지가 먼저 발견할 수도 있지만, 그렇다 하더라도 우리에게 집중하도록 한 후 놀이를 시작하면 됩니다.

다음과 같은 상황에서 '앉아'를 연습하도록 합니다.

- 산책하러 나갈 때, 현관 앞에서
- 차에서 오르고 내릴 때
- 가족이 외출 후 돌아왔을 때, 손님이 방문했을 때
- 식사 전
- 놀이가 시작되기 전
- 터칭을 해주기 전

4. 엎드려[down]

엎드려 동작은 몸과 마음을 안정시키는 것입니다. 강아지가 앉기 동작에 익숙해졌다면 엎드려 동작을 배울 차례인데요. 강아지에게 엎드려 동작은 가장 편안한 자세입니다. 이 동작은 강아지 언어인 카밍 시그널의 하나로 상대방 강아지에게 '나는 예의 바른 강아지야'라고 알려줌으로써 상대방 강아지에게 편안함을 주는 자세이고요. 또한, 흥분한 상대 강아지에게 '너는 흥분했으니 진정해'라고 하는 신호를 주는 행동이기도 합니다.

에너지가 넘치거나, 흥분해서 점프하는 강아지가 스스로 조절하게 함으로써 자신을 진정시키는 방법을 알려 주는 것입니다. 만약 겁이 많은 강아지거나 소심한 강아지의 경우 다른 강아지가 있는 상태에서는 엎드려 동작을 싫어할 수 있습니다. 이런 경우라면 강아지가 안심할 수 있는 장소로 옮겨 연습하는 것이 좋습니다. 이 동작이 완벽하게 된 경우 강아지의 경계성 짖음 또는 학습된 짖음을 예방할 수 있습니다. 소리도 작을 뿐 아니라 이미 몸과 마음이 편안한 상태이므로 상황을 평범하게 인지하고 별거 아닌 것처럼 받아들일 수 있기 때문입니다.

'엎드려'를 시키는 첫 번째 방법은 쉐이핑[shaping]을 통해 엎드려 동작을 만드는 방법입니다.

① '앉아'를 시킵니다.

② 간식 쥔 손을 코앞에 두고 강아지가 관심을 보이도록 합니다.

③ 간식을 바닥을 향해 간식을 천천히 내리면, 강아지는 간식을 따라 고개를 숙이고 앞발을 구부리면서 코가 바닥 근처로 내려와 앞에 있는 간식을 먹으려 할 것입니다. 이때 조금씩 먹도록 합니다.

④ 강아지 코가 바닥에 닿을 정도가 되면, 간식을 든 손을 천천히 자신의 앞쪽으로 당겨 강아지로부터 조금씩 멀어지게 합니다. 이때 강아지가 포기해서 앉지 않도록 간식을 조금씩 맛보도록 합니다.

⑤ 강아지가 간식을 먹기 위해 앞다리를 펴면서 자연스럽게 몸을 낮추며 엎드리게 되는 순간 칭찬과 함께 간식을 빠르게 줍니다. 추가 보상을 주어도 좋습니다.

처음 성공이 어렵지, 한번 성공했다면 다 된 것이나 다름없습니다. 똑똑한 우리 강아지들은 빨리 우리의 의도를 알아챕니다.

⑥ 완벽하게 익숙해지도록 연습합니다. 지금까지는 명령어를 사용하지 않았습니다.

⑦ 이 동작이 익숙해진 후 앉아 동작에서 다리를 앞으로 뻗고 가슴과 배가 바닥으로 내려가는 동작을 시작할 때, '엎드려'라는 명령어를 덧씌웁니다.

⑧ 이 신호를 실내에서 반복적으로 연습합니다. 한 곳에서 하지 말고, 실내의 장소를 바꾸어 가면서 연습합니다.

⑨ 외부로 나가 연습하는데, 먼저 조용하고 인적이 드문 곳에서 연습하고, 점차 다양한 환경에서 연습하도록 합니다. 처음에는 '앉아'에서 '엎드려'로 하지만, 바로 엎드려 동작을 연습해야 합니다.

앉기 동작과 엎드려 동작이 되었다면, 산책 중간에 이 동작을 연습하도록 합니다. 이 두 가지 동작은 강아지 카밍 시그널이기도 합니다. 강아지 자신도 편해지고, 다른 강아지도 우리 강아지를 예의 바른 강아지로 인식하게 만드는 자세입니다.

두 번째, 자연스럽게 스스로 생각해서 엎드리도록 하는 방법입니다. 물론 이 방법은 캡쳐링을 했었다면 쉽게 할 수 있습니다.

① 강아지에게 엎드려 동작은 편안한 동작입니다. 평소에 가장 많이 엎드려 있기도 하며, 가르쳐 주지 않아도 하루에 여러 번 이 동작을 수차례 합니다. 그래서 이 동작을 하는 순간에 칭찬과 보상을 평소에 해 줍니다.

② 간식을 손에 쥐고 배꼽 앞에 손을 모읍니다. 강아지는 우리의 의도를 관찰하면서 어떤 동작이든 할 것입니다. '앉아'가 되거나 '엎드려'를 하거나 발을 올리던지 간식을 먹기 위해서 어떤 동작을 할 것입니다. 이때 '엎드려'를 했다면 폭풍 칭찬과 함께 간식을 줍니다. 한번 성공했다면 다음부터는 쉽게 따라 할 수 있습니다.

* 캡쳐링[capturing]

강아지가 무의식적으로 어떤 동작을 하는 순간마다 포착해서 보상을 해주면, 강아지는 자연스럽게 그 행동을 하게 된다. 이렇게 어떤 동작을 포착해서 그 동작을 하도록 만드는 기법을 캡쳐링이라 한다. 앉기나 엎드리기 동작을 할 때 칭찬하고 보상해 주면 자연스럽게 동작과 보상을 연결 지을 수 있게 된다.

———

5. 기다려[stay]

강아지가 '앉기'와 '엎드려' 동작을 익힌 상태에서 시작합니다.

이 교육의 목표는 보호자가 허락할 때까지 강아지가 움직이지 않고 얌전하게 기다리게 하는 것인데요. 이 교육을 통해 참을성, 인내심, 독립심을 쌓을 뿐 아니라 보호자와 신뢰 관계를 깊게 만들 수 있습니다. 만약 3초를 성공했다면, 10초, 20초, 30초, 1분, 3분으로 늘릴 수 있습니다. 처음에는 안 될 수 있지만, 보호자가 인내심을 가지고 꾸준히 연습하면 3분을 기다리는 멋진 강아지가 될 수 있습니다. 이 교육을 통해 분리 불안, 짖기, 점프하기를 예방하고 교정할 수 있게 됩니다.

① 먼저 집중할 수 있는 실내에서 강아지에게 '앉아'를 시킨 후 정면에 선다.

② 한 손으로 간식을 쥔 다음, 강아지에게 보여 준다.

③ 강아지에게 나머지 한 손의 손바닥을 보여 주고 한 걸음 뒤로 물러나면서 '기다려'라고 말한다. 강아지가 움직이면 다시 강아지 앞에서 앉기 동작을 시킨다.

④ 얌전히 앉아서 기다리면 강아지 앞으로 한 걸음 다가와 '옳지'라고 칭찬하고 손에 있던 간식을 재빨리 준다.

⑤ 다음 단계는 강아지를 정면에 두고, 손바닥을 보여주며 '기다려'라고 말을 한 후 두 걸음 뒤로 물러선다. 얌전히 기다리고 있다면 다시 강아지 앞으로 다가와 칭찬과 함께 간식을 준다[몇 초 걸렸는지 다른 가족에게 시간을 점검하도록 한다].

처음 성공했다면 성공 확률이 높으므로, 반복해서 연습합니다.

이 연습을 다른 가족들과 번갈아 가면서 하도록 하는데요. 누가 더 오래 기다리게 하나 연습하면서 가족 간 즐거운 게임이 될 수 있습니다.

'기다려' 동작은 '이리 와' 동작과 연결해야 하므로 확실하게 교육해야 합니다.

6. 이리 와[recall]

'이리 와' 교육은 전문가들도 제일 어렵다고 느끼는 교육인데요. 보호자의 인내심이 필요합니다. 강아지가 오지 않는다고 실망하거나 화를 내면, 성공과 멀어지게 될 것입니다. 목소리는 언제나 밝고 경쾌해야 합니다. 강아지는 우리 자신보다 더 우리를 잘 파악하고 있는 관찰자니까요.

'쭈쭈', 이름 부르기 교육이 잘 되어있다면 잘 따라할 것입니다.

① 먼저 실내에서 이름을 부르거나 '쭈쭈' 소리를 냅니다. 강아지가 쳐다볼 때 '이리 와'라고 부릅니다.

② 강아지와 시선이 마주친 후 강아지와 반대 방향으로 두세 발을 움직입니다. 이때 시선은 강아지와 유지하며, 무릎, 엉덩이, 어깨는 반대쪽으로 향해 있어야 합니다.

③ 강아지가 첫발을 내디디고 달려오는 순간 칭찬합니다.

④ 강아지가 앞에 오면 칭찬한 후 간식으로 보상합니다.

⑤ 강아지가 오지 않는다면, 리드 줄을 채운 후 '이리 와'를 한 후 살짝 당겨 강아지를 오도록 한 후 칭찬과 함께 간식으로 보상합니다.

⑥ 실내에서 연습한 후 야외에서 연습합니다. 먼저 긴 리드 줄을 채운 후 강아지가 편하게 움직이도록 합니다. 강아지가 다른 곳에 집중하고 있을 때 이름을 부르며 '이리 와'라고 말합니다. 강아지가 쳐다보고 다가올 때 시선을 맞춘 다음 반대 방향으로 2~3걸음 움직이면서 칭찬합니다.

다가오면 간식을 줍니다.

⑦ 강아지가 집중하지 않는다면, 리드 줄을 살짝 당겨 강아지가 오도록 합니다.

⑧ '기다려'가 되는 강아지라면 '기다려'를 시킨 후 보호자에게 오도록 '이리 와'를 합니다. 출발할 때 칭찬하고 다가오면 간식으로 보상합니다.

⑨ 얼음 땡 놀이처럼 '이리 와' 놀이를 하는 것도 좋은 방법입니다.

* '이리 와'를 해서 다가온 강아지를 절대로 혼내서는 안 됩니다.

불러서 갔더니 혼났다면 누가 다시 가고 싶을까요?

잊지 말아야 합니다.

강아지 이름과 '이리 와' 교육에선 절대로 혼내지 말아야 합니다.

오로지 좋은 경험만 심어 주어야 합니다.

7. 놔둬[leave it]

길거리에서 주워 먹는 강아지, 장난감, 먹이, 간식, 영역 소유욕을 가진 강아지에게 욕구를 스스로 조절하는 능력을 키워주는 교육입니다. 음식, 장난감, 신발, 핸드백 등 사물에 대해 건들지 말라고 알려주는 지시어입니다.

① 실내에서 간식을 들고 강아지 앞에 앉아서 기다립니다.

② 강아지 옆이나 앞에 간식을 두고, 강아지가 먹지 못하도록 손으로 막습니다. 이때 강아지가 먹으려고 다가오면 간식을 방어해야 합니다.

③ 시간이 지나 강아지가 게임의 규칙을 알게 되어, 얌전히 강아지가 앉아 기다리면 그때 간식을 집어서 직접 줍니다.

④ 이런 동작이 완벽하게 된 후에 '놔둬'하고 간식을 놓은 후 강아지가 앉으면 그때 간식을 주며, 지시어는 행동이 만들어진 후 씌운다는 생각을 가져야 합니다.

⑤ 실내에서 반복적으로 연습한 후 조용한 야외 또는 방해물이 있는 곳에서 교육하면 됩니다.

* 다른 방법

① 강아지를 앞에 세워 놓고 사람은 서서, 사람 등 쪽으로 간식을 던져 놓고요. 강아지가 달려들어 먹으려고 할 때, 강아지가 접근해서 먹지 못하도록 막아야 합니다.

② 강아지가 스스로 앉아서 기다릴 때까지 지켜야 합니다.

③ 강아지가 앉으면, 간식을 직접 주워 강아지에게 줍니다.

④ 강아지가 게임 규칙을 알게 될 때까지는 명령어를 사용하지 말아야 합니다. 만약 실내에서 손으로 '놔둬' 교육이 되었다면, 훨씬 쉽게 할 수 있습니다.

'놔둬' 교육도 꾸준한 연습이 필요합니다. 우리가 강아지보다 조금 더 인내심과 기다림이 필요한 교육입니다.

'기다려'와 '놔둬'는 완전히 다른 개념의 교육입니다.

8. 찾아

노즈 워크 놀이를 하고, 찢기 놀이를 하는 강아지들에게 '찾아' 단어를 알려주면서 다양한 놀이와 교육을 할 수 있습니다.

못 쓰는 종이를 잘라 간식을 넣고, 또는 종이컵에 간식을 넣어, 강아지에게 '기다려'를 시킨 후 간식을 감싼 종이를 숨깁니다. '찾아'라는 명령어를 알려 줍니다. 이때 방향을 알려주는 수신호를 사용해도 좋습니다. 첫 단계에서는 쉬운 곳에 감추어야 합니다. 보이는 곳도 상관없습니다. 강아지가 잘 찾아 간식을 먹으면 칭찬을 해주고 간식을 추가로 주어도 됩니다.

'기다려'를 통해 참을성을 배울 수 있고요. 그리고 후각과 시각을 이용해 인지 풍부화를 해 줄 수 있습니다. 보물찾기처럼 강아지들이 열심히 찾아 다닐 겁니다.

● 필통 놀이

강아지가 스스로 보호자에게 자신이 해결하지 못하는 필통을 줌으로써 신뢰를 쌓을 수 있고, 참을성을 길러 주고, 소유욕도 줄일 수 있습니다.

① 튼튼한 필통에 간식을 넣는 것을 보여 주고, 냄새를 맡게 합니다.

② 냄새를 맡게 한 후 필통을 닫고, 강아지에게 '기다려'한 후에 보이는 곳에 둡니다.

③ '오케이'나 '가져와'를 합니다.

④ 강아지가 필통에 어떤 동작을 하나요? 아마도 무언가의 동작을 할 것입니다.

수단을 가리지 않고 먹으려고 할 겁니다. 필통이 열리면 안 됩니다.

⑤ 포기하고 보호자에게 가져오면 칭찬합니다.

그리고 필통을 열어주고 간식을 스스로 먹게 합니다.

⑥ 만약 포기하지 않고 계속 먹고자 하면, 옆에 가서 손바닥을 펼칩니다.

강아지가 입을 이용해 손바닥에 필통을 놓으면, 칭찬하고 필통을 열어 간식을 줍니다.

⑦ 야외에서도 해보세요. 정말 좋아합니다.

지금까지 '쭈쭈', 이름 부르기, 앉기, 엎드리기, 기다리기, '이리 와', '놔둬', '찾아'에 대해 알아봤는데요. 이 기본예절 교육이 왜 필요할까요?

● 강아지 집중하게 하기

6가지 기본예절 교육은 우리에게 집중하도록 하는 교육입니다. 눈을 마주치고, 행동을 수행하면서 칭찬과 보상으로 신뢰 관계를 만들어 가는 과정이기도 하고요. 이 동작을 완벽하게 한다면 우리는 강아지가 문제를 일으키기 전에 관심을 돌릴 수 있게 됩니다. 체계적으로 둔감화 시키는 첫 단계이니까요.

● 강아지 언어, 진정 신호 익히기

앉기와 엎드리기는 강아지 자신을 진정시키며, 다른 강아지에게 편안함과 흥분 조절을 하라는 신호를 주는 동작인데요. 우리 강아지가 예의 바른 강아지라는 것을 보여 주며, 몸과 마음이 편한 상태가 됩니다.

● 문제 행동 예방 및 교정의 기본 동작

기본예절 교육이 충실히 됐다면, 문제 행동, 이상 행동을 예방할 뿐만 아니라 교정하는 데에 큰 도움이 됩니다. 예를 들어 벨이 울릴 때 짖는 강아지라면 이름을 불러 쳐다보게 한 후 '이리와'를 해서 오게 할 수 있다면 짖음이 빨리 멈추게 되며, 짖음이 멈출 때 칭찬한다면 짖음은 점차 필요 없게 된다는 것을 강아지는 알아차릴 것이기 때문입니다. 분리 불안이 있는 경우라면, '기다려'를 학습함으로써 혼자 있는 시간을 참을 수 있는 인내심과 독립심을 키울 수 있습니다.

'앉아', '엎드려', 그야말로 최고의 예의 바른 행동입니다. 이 게임은 '앉아' 와 '엎드려'를 스스로 하게 하는 게임입니다. 강아지가 우리의 의도를 맞추려고 할 수 있는 동작을 다 할 것입니다.

● 눈치 게임

강아지와 친해지고 신뢰도 쌓이고, 서로의 생각을 알아보는 게임입니다.

① 아무 말도 하지 않고, 그냥 간식을 들고 강아지 앞에 선다.

② 만약 '앉아'를 하면 간식을 주면서 칭찬을 한다.

③ 다음 자리를 조금 이동한 후 서서 기다린다.

　　강아지가 앉으면 이번에는 아무 말 없이 고개를 돌리며, 무시하면서
　　강아지가 무언가 하기를 기다린다.

④ 강아지가 어떤 동작을 할까? 아마도 무언가의 동작을 할 것이다.

⑤ 예상하는 동작을 하면 간식을 주면 된다.

⑥ 만약 '엎드려'를 하면 폭풍 칭찬과 간식을 주면 된다.

45. 나의 소유를 주장하는 장난감

강아지와 생활하는 집에 가면 신기한 물건들이 있습니다. 강아지 우비가 있고요. 겨울철에는 강아지용 점퍼가 있습니다. 강아지 장난감들이 있습니다. 장난감도 다양합니다. 공, 소리 나는 장난감, 인형, 원반, 터그 등이 있습니다.

강아지는 신기하게도 처음 보는 장난감에는 모두 관심을 가집니다. 며칠이 지나면 그때부턴 관심이 없어집니다. 그런데 유난히 좋아하는 장난감이 있습니다.

절대 양보 못 합니다. 다른 강아지나 사람이 장난감으로 다가오면, 나의 소유를 주장하며 으르렁거리기도 합니다. 으르렁 다음 단계는 결국 다툼으로 번질 수 있으므로 조심해야 합니다.

이때 화내거나 야단친다고 고쳐지지 않는 경우가 많습니다. 내 것이라는 소유에 대한 집착을 "그럴 필요 없다."라는 감정의 변화로 만들어 주어야 합니다.

"이건 내 것이야! 으르렁."

이럴 때 보호자는 다른 장난감을 보여주거나,

"와! 이게 뭐지!"

재미나게 노는 연기를 해서 관심을 유도합니다.

평상시에 장난감은 반드시 똑같은 것 두 개 이상으로 놀도록 해야 합니다. 모양, 크기, 색깔도 같은 것으로 준비해서 놀아주거나 놀도록 해야 합니다. 강제로 뺏으면 집착이 생길 수 있습니다. 자연스럽게 교환 방법을 알려 주어야 합니다. 그렇게 되면 집착할 필요가 없어지고 강아지와 보호자가 서로 신뢰가 쌓이게 됩니다. 교환하다 보면, 장난감 소유욕이 없어질 수 있고요. 그리고 '아웃', '뱉어'를 교육하는 데 도움을 줍니다. 강아지에 따라 시간이 걸릴 수 있지만, 기본예절 교육과 보호자에게 집중하는 교육을 해 주면 개선될 것입니다.

46. 짖는 강아지 심리

강아지가 짖는 것은 하나도 이상한 행동이 아닙니다. 강아지의 감정 표현입니다. 아주 오래전부터 강아지와 사람이 동거하게 된 이유 중의 하나가 짖음입니다. 우리가 준 임무를 잘 수행하고 있다는 뜻이기도 한 소리입니다. 하지만 과도한 짖음 때문에 보호자들이 많이 힘들어합니다.

짖음은 흥분해서 짖는 짖음[흥분성 짖음], 이상한 소리나 물체에 대해 짖음[경계성 짖음], 영역이나 자신의 소유를 주장하는 짖음[영역성 짖음], 자신을 방어하려는 짖음[방어성 짖음], 무섭고 두려워서 짖는 짖음[좌절성 짖음], 배워서 짖는 짖음[학습된 짖음]으로 분류할 수 있습니다. 한 가지 원인으로도 짖을 수 있지만 주로 복합적인 짖음이 많습니다.

가장 많은 짖음은 학습된 짖음입니다. 습관성 짖음이고요. 요구성 짖음일 수 있습니다. 이런 경우라면 요구하는 것을 안 들어 주고 무시하면 됩니다.

다음으로 많은 경우가 경계성 짖음인데요. 이런 경우라면 반드시 짖는 방향으로 가서 강아지와 같이 확인한 후, "괜찮아."라고 한 후 다른 곳에 집중하도록 만들면 좋아집니다.

침착한 강아지는 다른 강아지들이 심하게 짖으면, 그 옆에 가서 조용히 지켜보는 경우가 있습니다. 강아지가 하는 것처럼 아무 말 없이 곁에서 "괜찮아~~"라는 표현을 침착하고 낮은 톤으로 들려주면, 강아지들이 이해하면서 짖음도 줄어듭니다. 공격성을 가진 강아지에게도 도움이 됩니다. 강아지들은 보호자가 괜찮다고 생각하고 행동하면 강아지들도 그렇게 받아들입니다.

다른 짖음의 경우 원인 파악이 중요합니다. 경험과 전문적인 지식을 겸비한 전문가와 상의하신 후 교육하는 것이 좋습니다. 어떤 경우이든 신뢰가 쌓여 있어야 하고, 기본예절 교육이 되어있어야 합니다.

어떤 대상에 대해 짖는다는 것은 강아지의 의사 표현입니다. 보호자가 인내심을 가지고 기다려 주어야 합니다.

먼저 강아지가 보호자에게 집중하도록 교육해 주어야 하고요. 자연스럽게 관심을 다른 곳으로 돌려야 합니다. 강아지가 과하게 흥분하기 전에 시도하는 것이 좋습니다. "야, 조용히 해." 등의 말은 오히려 강아지를 자극할 수 있습니다. 조용히 행동으로 보여 주어야 합니다.

① 강아지가 짖기 시작하면, "조용히."라고 말하며,
   정말 맛난 간식을 작게 만들어 짖는 강아지의 코앞에 댑니다.
② 강아지의 방향을 살짝 짖는 대상과 반대 방향으로 유도합니다.
③ '앉아'를 시키며, 강아지가 집중하고 잠시[2~3초] 기다리게 한 후,
   칭찬과 간식을 줍니다. 다시 짖으면 반복합니다. 짖는 대상보다
   보호자와 간식에 집중하도록 합니다.

높은 톤과 흥분한 목소리로 강아지를 자극하기보다는 침착한 목소리와 행동으로 강아지가 편안하도록 해 주어야 합니다.

짖는 것이 습관이 되었다면, 교육 시간이 오래 걸릴 수 있습니다. 강아지가 흥분해서 우리가 교육하려는 것을 따라 할 수 없는 상황이 발생하기 전에 보호자가 관찰하고 예의 주시해야 합니다.

47. 공격성 강아지 심리

다른 강아지나 사람에게 공격성을 보이는 강아지를 볼 때마다 마치 저의 잘못인 것 같은 마음이 듭니다. 강아지 마음속 감정 상태를 바꾼다는 것은 많은 시간이 필요하고요. 언제 또 나타날지 모릅니다. 우선 보호자가 마음이 편해야 합니다. "친구가 없으면 어때!"라는 마음으로 기다려 주면서, 교육을 받아야 합니다. 또한, 보호자와 강아지, 서로 간에는 무한 신뢰가 쌓여 있어야 합니다. 기본예절 교육이 반드시 되어 있어야 합니다.

분명한 건 강아지는 평화를 사랑합니다. 본능적으로 싸우면 서로 다칠 수 있다는 것을 알고 있으므로 가능하다면 싸움을 서로 피하려고 합니다. 물론 어쩔 수 없는 경우라면 싸우는 예도 있습니다. 공격성은 다양하게 분류합니다. 우위성, 방어성, 특발성, 방향 전환성, 영역성, 공포성, 포식성 등이 있습니다. 유전적 영향 및 환경적 영향으로 다른 강아지와 어울리지 못해서 일어나는 경우가 많습니다.

원인을 찾을 수 없는 예도 있지만, 원인을 찾아야 합니다. 우리 강아지가 다른 강아지와 친하게 지내지 못하고 자주 다툼이 일어난다고 하면 전문가와 상의하시는 것이 좋습니다. SNS나 인터넷에 나와 있는 방법으로 직접 교정하시다가 오히려 상태가 더 나빠지는 경우가 많습니다.

강아지가 공격성을 가지고 있다고 판단되면, 다른 강아지와 함께 있는 경우 100% 강아지에게 집중하고, 어떤 상태인지 관찰해야 합니다. 만약 개가 공격성을 보이려는 몸짓이나, 평소와 다른 행동을 하면 보호자가 개입해야 합니다.

강아지를 다른 장소로 옮기거나 다른 곳에 집중하도록 만들어야 합니다.

48. 강아지 분리 불안

보호자가 먼저 불안해하지 마세요. 반려견 중 약 20~30% 정도는 분리 불안이 있다고 합니다. 분리 불안은 유전적 영향과 환경적 영향이 있다고 알려져 있습니다. 보호자가 편안한 마음을 가지고, 길게 보고 기다려 주면 좋아질 수 있습니다.

* 식사 시간, 산책하러 나가기 전 현관 앞, 엘리베이터 앞, 간식 먹을 때 반드시 앉아 있어야 합니다.

1. 독립심, 자립심 길러 주기 [흥분하면 무시해야 합니다]

- '기다려' 처음에는 3초부터 시작해서 점차 5초, 10초, 20초, 30초, 매일 시간 날 때마다 해 주어야 합니다. 평생 교육입니다. 최종 목표는 3분을 기다릴 수 있는 참을성을 길러주어야 합니다[이름을 부른 후 '기다려'를 시키지 말아 주세요. '기다려' 명령어는 이름 없이 시켜야 합니다].
- '기다려'를 보이는 곳에서 시작해서 안 보이는 곳으로 장소를 옮겨가면서 해 주어야 합니다. 앞뒤 좌우로 움직이면서 해주면 지루해하지 않을 겁니다. 매일 매일 해주면 좋습니다. 손바닥을 보여주고요. '기다려'라고

한 후 천천히 움직입니다. 그리고 다시 돌아와 칭찬과 간식을 주면 됩니다. 간식은 매번 주는 게 아니라 두 번에 한 번, 세 번에 한 번 등 간헐적 보상으로 해 주어야 합니다. 편의점이나 화장실을 다녀올 때 칭찬해 주세요.

- 화장실이나 다른 방 안에 들어갔다 오는 것을 하루에 5회 이상 10번씩 해 주어야 합니다. 처음에는 3초에서 5초부터 움직이면서. 시간을 점차 늘려 방 안에 들어갔다 나오는 방법을 사용하시면 됩니다. 물론 중간에 문을 긁거나 짖을 수 있습니다. 그건 무시해 주면 됩니다. 화장실을 사용할 때도 문을 닫아 놓고, 용무를 마친 후 나와서 강아지가 차분히 있을 때만 칭찬과 간식으로 보상해 주면 됩니다. 물론 잠시 들어갔다 나왔을 때 흥분해 있거나 낑낑대면 모른 척해 주고요. 얌전히 흥분하지 않고 있으면 칭찬과 간식으로 보상을 해 주시면 됩니다. 평소에 강아지가 졸졸 따라다니고 있다면, 이제부터는 혼자 안심하면서 지내는 법을 가르쳐 주어야 합니다.

2. 외출을 위한 현관문 교육

다른 행동을 할 수 있도록 한 후 현관문 밖으로 잠시 나갔다 오는 것도 지속해서 해 주면 됩니다. 예를 들어 노즈 워크 매트에 간식을 숨기고, 찾는 동안 잠시 밖으로 나갔다가 들어오는 것입니다. 매일 매일 해 주어야 합니다. 시간은 아주 짧게 시작한 후 점차 늘려가야 합니다. 만약 짖거나 흥분해 있을 때는 집 안으로 들어가서 평상시처럼 하시면서 모른 척해 주세요. 얌전히 있을 때만 칭찬 및 보상입니다. 만져 주는 것도 흥분해 있지 않을 때 해 주어야 합니다.

3. 외출 전 반려견을 위한 준비 – 아침 운동, 외출 전 운동 필수입니다.

- 가지고 놀 수 있는 장난감이나 오래 먹을 수 있는 간식 주기
- 평상시에 라디오나 TV를 켜 놓기
- 외출 전에는 산책 및 운동을 시켜 에너지를 사용하도록 해 주기
- 외출 전에 노즈 워크 매트를 깔아 주기
- 외출 시에 가족들이 한꺼번에 외출은 자제하기
  [한 명씩 외출하면 좋습니다. 맨 마지막에 나가는 분께서 노즈 워크 매트, 물 등을 주고 나가면 됩니다]
- 외출할 때는 평소처럼 무덤덤하게 나가기
- 위험한 물건은 사전에 치우기

4. 외출 후 집에 돌아왔을 때 보호자의 행동

외출 전, 외출 후에 돌아와서, 과도한 인사는 강아지를 흥분하게 할 수 있으니 평상시처럼 대해 주어야 합니다. 흥분하거나 점프하면 모른 척해 주고요. 얌전히 앉아 있거나 방석에 있을 때 칭찬해 주면서 인사를 해야

합니다. 잠시라도 외출 후 재회했을 때, 반려견이 흥분해 있으면 무시해 주어야 합니다. 모든 가족이 동참해 주는 것이 필요합니다.

5. 켄넬 교육을 해 주는 것도 좋습니다.

주의할 점은 강제로 넣어서는 절대 안 됩니다. 자기 스스로 들어가야 한다는 겁니다. 처음에는 문을 열어 놓은 상태에서 간식이나 장난감을 이용해 들어가게 하고요. 만약 들어가지 않는다면, 들어가고 싶어 안달 날 수 있는 좋아하는 간식이나 물건을 넣어 두고, 못 들어가도록 문들 닫 거나 막습니다. 얌전히 앉아서 기다릴 때, 자기가 들어가고 싶어 안달 날 때 들어가도록 하면 됩니다.

49. 썰매 강아지, 리드 줄을 끄는 강아지

끄는 강아지, 끌려가는 보호자의 산책 모습을 보면 위험해 아찔할 때가 있습니다. 썰매 개처럼 보호자를 끌고, 끌려가는 모습에 불안합니다. 강아지들은 강아지대로 힘들고, 보호자는 보호자대로 힘들고, 그러다 보니 산책하러 나가는 것이 두렵다고 토로하시는 분들이 많습니다.

중·대형견과 생활하는 보호자 중에 강아지에게 끌려 넘어져 다친 경험을 가진 보호자가 많습니다.

강아지들은 방향 전환을 할 때 머리부터 옮기고, 몸통과 다리를 움직여 전환합니다. 결국, 머리를 보호자 방향으로 돌리게 만드는 것이 우선입니다. 그래야 보호자가 가고자 하는 방향을 알게 되니까요. 강아지는 우리의 머리, 어깨(몸통), 허리(엉덩이), 무릎을 봅니다. 초기에는 원하는 방향으로 전환을 할 때는 조금은 큰 동작으로 방향 전환을 하세요. 강아지가 팽팽한 상태에서 리드 줄을 끌 때 반드시 멈추어야 합니다. 이때 아무 말 없이 나무나 기둥처럼 서 있어야 합니다. 그럼 강아지는 등이나 목이 불편해서 뒤돌아볼 겁니다.

● '쭈쭈' 이용하기

① 리드 줄이 팽팽하거나, 팽팽해지려는 순간에 즉시 멈추세요.
② 2초~3초 기다리세요. 절대 끌려가면 안 됩니다.
  [몸의 중심을 뒤로, 뒷다리에 주어야 합니다]

정지하기 - 아무 말도 하지 않기

③ '쭈쭈' 소리를 내세요.

④ 우리 쪽으로 강아지가 머리를 돌리려고 시작할 때

⑤ '굿 보이' 또는 '옳지' 칭찬해 주세요.

⑥ 다른 방향으로 몇 발 움직이세요. 그러면 강아지가 따라올 거예요.

⑦ 따라온 것에 대한 칭찬과 간식으로 보상해 주세요.

⑧ 매일 반복하세요.

→ 방향을 바꾸길 원할 때마다, 또는 강아지가 리드 줄을 끌려고 할 때
  마다 반복해야 합니다.

❖ '쭈쭈'를 이용해, 끌어당기는 것 없이 산책시키는 교육 방법

① 방해물이 없는 실내 또는 조용한 곳에서 시작하세요.

② 강아지를 아주 가깝게 거리를 두고 간식을 손에 준비해 두세요.

③ 강아지를 교육하기로 결정되었을 때 소리를 이용하세요.

④ 강아지는 소리 방향으로 관심을 가질 겁니다. 강아지의 호기심 자극하
  여 집중하게 만드세요.

⑤ 강아지가 소리 방향으로 오면, '굿 보이', '옳지' 칭찬해 주세요.

⑥ 칭찬과 함께 간식으로 보상해 주세요.

⑦ 매일 방향 전환을 하면서 반복 연습하시면 됩니다.

↪ 강아지에게 소리가 간식이나 즐거운 일이라는 것을 의미한다는 것을 금방 배우게 될 겁니다. [소리[신호] = 보상[즐거운 일]]

"믿고 기다리시면, 달라진 멋진 강아지를 보게 될 겁니다."

여섯.

공감

-

강아지에게 배우는 삶

50. 잘 떨어졌어!

강아지 세계에는 시험이 없습니다. 교육도 없긴 하죠. 어쩔 수 없이 시험을 봐서 통과해야 하는 일이 있긴 합니다. 특수견들이죠. 힘든 일입니다. 그래도 무던히 잘들 해내고 있습니다. 시각장애인 안내견 과정에서 탈락한 강아지들을 가끔 봅니다.

'잘 떨어졌어!'

마음속으로 이야기합니다. 강아지들의 얼굴을 보면 어찌 그리 밝은지, 밝은 모습 때문에 떨어진 것이 분명합니다. 얼굴에 행복한 모습이 가득합니다.

교육 과정에서 떨어졌는데도 보호자들은 자랑스러워합니다. 그것도 대단하다고요. 맞습니다. 떨어져서 행복한 것입니다. 그 이유로 지금의 보호자를 만날 수 있었으니까요.

떨어진 강아지들은 달리는 것을 좋아합니다. 모든 강아지가 달리기를 좋아합니다. 나이 들어 다리가 아플 때까지 달리는 것을 좋아합니다. 강아지들과 달려 보세요. 누가 빠르냐는 중요하지 않습니다. 그저 서로를 보고 달리든, 앞선 강아지를 보고 달리든, 뒤에 오는 강아지를 보고 달리든 행복해집니다.

사람은 어렸을 때부터 시험을 보고, 평가받는 것에 익숙합니다. 누군가에게 보인다는 것을 의식하는 순간부터 사람의 기분과 감정은 초조해지고 불안해질 수 있습니다. 각자 빛나는 모습들이 있는데도 불구하고 나도 모르게 남을 따라가는 경우도 많습니다. 신께서는 분명 사람마다 자랑할 수 있는 무언가를 부여했습니다.

강아지는 떨어져서 행복해합니다. 사람이라고 다르지 않은 거 같습니다. 떨어지고, 지고, 뒤처지는 것이 부끄러운 일이 아니라 오히려 행복해질 기회가 생기는 것일 수도 있습니다. 잠시 쉬어가면서 더 좋은 인연을 만날 수 있으니까요.

51. 배 보이는 것이 어때서

강아지는 배를 보이며 다른 강아지에게 '나는 너보다 힘이 없어'라고 표현합니다.

"나는 평화를 사랑해!"

특히 어린 강아지들이 배를 보이는 경우가 많습니다. 그러면 다른 강아지는 이해하고 공격하지 않습니다. 창피한 일이 아니죠. 그리고서는 다른 강아지의 생식기 냄새도 맡고, 얼굴 냄새도 맡고 자연스럽게 놀이가 시작됩니다. 친구가 되죠. 강아지의 이런 모습에 어떤 보호자는 우스갯소리로 창피하다고 합니다. 그럴 때 저는 가장 좋은 언어이고 표현이라고 합니다. 배 보이는 강아지는 다른 강아지와 다툴 일이 없으니까요.

강아지는 눈곱이 껴도, 침이 많이 묻어 있어도, 똥이 엉덩이에 묻어 있어도, 냄새가 나도 남을 의식하지 않습니다. 오히려 고양이 똥을 묻히면 자랑스러워합니다.

필립이는 편의점 근처, 어묵 국물에 뒹구는 것을 무척이나 좋아합니다. 그렇게 태어났습니다. 그래도 위생적입니다. 배변은 잠자는 곳이나 먹는 곳에서 떨어진 곳에 하니까요.

강아지와 살게 되면 새로운 관점, 즉 나와 강아지의 시선으로 세상을 보게 됩니다. 나의 문제들, 상처, 아픔을 보는 시각이 조금 달라지는 거 같습니다. 포장하지 않은 온전한 그대로의 나를 보게 되는 것이죠.

소위 스펙이라는 것이 있습니다. 학벌, 영어 점수, 학점 등. 그보다 있는 그대로의 자신을 볼 수 있다면, 이보다 강한 스펙은 없지 않을까요?

타인에게 나를 보이는 것은 어렵습니다. 화를 내기도 어렵고, 불편한 티를 내기도 어렵습니다. 더 어려운 것은 '척'하는 것이 어렵습니다. 강아지는 '척'을 하지 않습니다. 강아지를 통해 나의 가장 정직한 모습을 스스로 볼 수 있는 거 같습니다.

52. 유기견, 선입견은 깨라고 있는 것

2018년 유기·유실 동물 발생 수 121,077마리. 강아지 91,797마리. 고양이 28,090마리. 보호자를 다시 찾고, 또는 새로운 보호자를 만나는 경우 40.6%. 자연사 23.9%. 안락사 20.2%. 반려동물 입주를 반대하는 아파트가 있습니다. 또는 주민의 동의를 받아야 하는 아파트도 늘고 있습니다. 이사 가는 게 어려워서, 결혼하는 데 상대방이 강아지를 싫어해서, 너무 짖고 물어서, 배변을 못 가려서, 늙고 병에 걸려서, 사람 아이의 알레르기 때문에 등 많은 이유로 헌 신발 버리듯 유기되는 강아지가 너무 많습니다.

피서지에 강아지를 버리고 사라지고, 공원에 산책하는 척하다가 슬그머니 도망가고, 시골길 차 문밖으로 떠밀고, 그나마 나은 것은 보호소 앞에 두고 사라지는 것입니다.

많은 동물보호단체와 자원봉사자들이 힘들게 동물을 구조하고, 어려운 환경에서 "안락사"당하지 않게 하려고 여기저기 발로 뛰고 있습니다. 구조해 재입양을 보내려고 사투를 벌입니다. 아이러니하게도 이러한 노력이 무색하게 인터넷, SNS에는 버젓이 강아지 분양 광고가 올려져 있습니다.

우리는 동물을 학대하고 유기하는 사람들과 같은 사회에서 생활하고 있습니다. 누구인지는 모르지만, 이런 부류의 사람은 잔인하고 무식한 것이 분명합니다.

안타까운 것은 유기된 강아지에 대한 사람들의 선입견입니다.

"버려진 이유가 있을 거야."

"그래서 품종견을 길러야 해."

"유기견은 말을 잘 듣지 않을 거야."

"잡종이라 그래."

"짖을 거야."

"물지도 몰라."

버려진 이유는 있습니다. 보호자가 무책임해서 버려진 것일 뿐입니다. 보호자가 관리를 못 해 길을 잃어버려서입니다. 사람의 말을 듣지 않는 것이 아니라 사람들이 강아지를 너무 몰라서입니다. 잡종견은 이 세상에 단 하나뿐인 외모를 가진 것뿐입니다. 강아지는 원래 짖는 동물입니다. 강아지는 자기표현을 입으로 할 때도 있습니다.

전문가라고 하는 사람, 반려동물 산업, 애견 단체에 있는 사람들이 선입견을 품고 이야기할 때 더욱 화가 납니다. 원인이 당신들 때문이라고 이야기하고 싶을 때도 있습니다. 상업적인 무분별한 출산, 무조건적인 복종 교육, 생명보다 돈.

개나 고양이를 좋아하지 않는 사람들을 이해할 수 있습니다.

유기견과 유기묘, 길고양이를 구조하는 사람들은 동물을 사랑하지 않으며 동물을 사랑하는 척하는 사람들, 동물을 돈으로 보는 사람들과 싸우고 있습니다.

동물권, 동물보호단체에서 활동하는 사람들은 다른 사람들이 동물을 좋아하지 않는다고 비난하지 않습니다. 그분들의 생각을 존중합니다. 그러나 동물을 가벼이 여기고, 학대하고, 버리는 행위에 대해서는 단호합니다. 정말 투사 같은 분들이 많습니다.

동물과 같이 살아가는 사람이라면 동물들이 우리와 별반 다르지 않고, 특히 야생성이 남아 있지 않은 동물이라면 유기될 경우, 스스로 살아남기 어렵다는 것을 이해할 것입니다.

제가 너무 사랑하고, 저를 믿고 따르는 둘째 앙리는 동물보호단체 팅커벨 프로젝트에서 구조되었습니다. 지금은 저와 찰떡궁합으로 행복하게 잘 지내고 있습니다. 한국동물매개심리치료학회에서 인증받은 치료 도우미견입니다. 초등학교 중학교 고등학교 학생들, 일반인, 노인 어르신들에게 너무 사랑스럽게 대합니다. 앙리는 너무 의젓합니다. 분위기 파악을 잘합니다. 누군가에게 위로와 편안함을 주고 행복함을 주는 멋진 천사견입니다.

구조된 수많은 강아지가 지금은 가정에서 웃음과 사랑의 전도사로 부활하여 행복하게 지내고 있습니다.

많은 유기견이 다시 입양을 갑니다. 잘 지냅니다. 유기견에 대한 선입견이 빨리 없어지기를 바랍니다.

53. 엄마의 일기

팅커벨 프로젝트 회원이신 후추·찹쌀 엄마의 글입니다.

"

아가, 내 사랑하는 둘째 아들 찹쌀아. 얼마 전 이빨을 여섯 개나 발치하고, 이젠 사료도 물에 불려서 먹어야 하는 너를 보며 엄마는 얼마나 울었는지 몰라.

어떤 무지한 이들은 유기견들은 다 아파서 버려진 아이들이라는 편견을 가지고 있을지도 모르지만, 너는 그저 이빨이 약하게 태어났을 뿐 아픈 게 아니야. 너는 누구보다 건강하고 씩씩한 아이야.

그리고 기억하렴. 너는 버려진 아이가 아니야.

누군가가 너를 혹시나 버렸을지 몰라도, 너는 많은 이들의 간절함과 적극적인 행동으로 지켜진 아이란다.

엄마는 너의 아가 시절을 보지 못했지만, 너의 늙어감을 함께 할 것이고, 네가 언젠가 아주 먼 미래에 무지개다리를 건너 아지 별로 떠나는 그 순간에도 네 곁을 지킬 거야.

엄마는 그저,

너의 시간과 엄마의 시간이 같을 수 없다는 사실이 너무도 슬플 뿐이야.

엄마는 너로 인해 생명의 소중함을 배우고, 돈의 가치를 느끼며,

책임감이 엄마의 삶을 얼마나 건강하게 하는지 매일 배우고 있단다.

지금 엄마 곁에서 새근새근 잠자는 내 아들 찹쌀아.

꿈에서도 잊지 마.

엄마는 너를 알게 된 그 순간부터 지금까지 단 한 순간도 너를 사랑하지 않은 적이 없단다.

너는 버려진 게 아니야….

너는 좋은 사람들로부터 이렇게 지켜진 아이란다.

너는 참 귀하고 귀한 아이란다.

예쁘고 아름다운 세상의 많은 귀한 것들이 다 너를 위해 존재한단다.

오늘 밤도 좋은 꿈 꾸렴. 사랑한다.

"

54. 팅커벨 프로젝트

안락사 직전의 유기견·유기묘를 구조하고, 새로운 가족을 찾아주며, 열악한 환경의 보호소들을 도와주는 동물보호단체입니다. 출입문에 붙어 있는 문구입니다.

"

이곳은 애견샵이 아닙니다.
팅커벨 입양센터는 보호소에서 안락사 직전의 아이들이 구조되어
오는 곳으로 이곳에서 지내며 입양을 기다리고 있습니다.

한때 상처받던 유기견·유기묘를 가족으로 품어주는 것이 아닌
작고 예쁜 강아지만을 원하신다면 돌아가 주세요.
애견샵의 작은 강아지는 '강아지 농장'이라고 하는 번식장에서 태어난
아이들입니다. 번식장에서 고통받는 개들을 떠올리시고
'사지 말고 입양'해 주세요.

"

휴가철이 되면, 피서지에는 상상할 수 없이 많은 유기견이 발견됩니다. 이유도 모른 채 가족과 같이 소풍 나갔다가 혼자 남아 발견된 유기견들은 낯선 곳으로 옮겨져 며칠을 보내게 됩니다. 그런데 이곳의 강아지들에게 주어

진 시간은 많지가 않습니다. 열흘 또는 이십일 이후에는 삶과 죽음의 갈림길에 서게 됩니다.

새로운 가족을 만난 강아지는 집으로 가지만, 그렇지 못한 강아지들은 안락사라는 이름으로 생을 마감해야 합니다. 아무도 찾아오지 않는 강아지는 그렇게 혼자 외롭지만 가야만 하는 길을 갑니다. 그리고 난 후 새로운 강아지들이 들어와 그 자리에 머물다 가고를 반복합니다.

동물을 유기한 사람들은 예쁘고 귀여워서 입양한 강아지가 버려지면 어떻게 되는지 알고 입양 결정을 했을까요?

비상식적이고 비도덕적인 사람이며, 정말 잔인한 짓을 한 것입니다.

강아지 공장, 영원히 나올 수 없는 곳에서 무기력하게 오로지 생산을 위해 생활하는 강아지들이 있습니다. 그곳에 태어난 강아지들은 얼마 동안 그곳에서 생활합니다. 판매를 위해 애완동물 가게로 이동합니다. 형제들이 하나씩 집으로 가고, 집을 찾지 못한 강아지는 어찌 되는지?

그런데도 세상에는 좋은 사람들이 분명 많습니다. 강아지가 춥고 배고픈 상황에서 생존의 몸부림을 치고, 이곳저곳으로 다니면서 먹을 것을 찾을 때, 측은한 마음으로 강아지를 구조하고 돌보는 분들이 정말 많습니다. 상황이 여의치 않으면 단체에 따스한 마음으로 기부하는 사람들도 많습니다.

더 많은 아이를 살릴 수 있으면 좋을 텐데 하면서 그렇게 하지 못하는 걸 자책하며, 눈물을 흘리기도 합니다.

정성이 모여 아이들의 생명을 살리고, 새로운 가족을 만나고, 행복하게 지내는 모습을 보는 것이 세상 살아가는 거 같습니다.

- 동물 보호의 원칙[동물보호법 제3조] 누구든지 동물을 사육·관리 또는 보호할 때에는 다음 각호의 원칙이 준수되도록 노력하여야 한다.

1. 동물이 본래의 습성과 신체의 원형을 유지하면서 정상적으로 살 수 있도록 할 것
2. 동물이 갈증 및 굶주림을 겪거나 영양이 결핍되지 아니하도록 할 것
3. 동물이 정상적인 행동을 표현할 수 있고 불편함을 겪지 아니하도록 할 것
4. 동물이 고통·상해 및 질병으로부터 자유롭도록 할 것
5. 동물이 공포와 스트레스를 받지 아니하도록 할 것

55. 둘째, 푸들 앙리의 일기. 좋은 점과 나쁜 점.

처음 아빠 품에 안겨 온 날, 필립 형을 보고 너무 놀라고 무서웠다.

이렇게 큰 형이 있다니 잘못 온 거 같았다. 필립 형이 냄새를 맡으러 나에게 다가왔다. 난 너무 무서워서 '왕왕' 짖었다. 그런 내 맘을 알았는지 필립 형은 더 나에게 다가오지 않았고 나를 무덤덤하게 대해주었다. 그런데도 난 너무 무서워 형이 내 옆을 지나기만 해도 '왕왕' 짖었다. 일주일 정도 지내보니 엄청 착한 형이라는 걸 알게 되어 조금은 맘이 편해졌다.

그런데도 필립 형이 있어 나쁜 점이 있다. 난 장난감을 엄청 좋아한다. 특히 뽁뽁이 장난감을 앙앙하는 걸 좋아한다. 그런데 형은 장난감을 뜯뜯해서 엄마·아빠가 장난감을 잘 주지 않는다. 너무 속상하다. 그래도 엄마·아빠가 몰래몰래 내가 앙앙거리고 놀 수 있게끔 해주시니 다행이다.

난 아무거나 주워 먹지 않고 저지레를 하지 않는다. 그런데 필립 형은 6살이 되었는데도 아무거나 뜯뜯해서 우리의 생활 반경을 작게 만든다. 언제쯤 버릇을 고칠 수 있을는지. 쯧쯧.

그래도 곰곰 생각해 보니 필립 형이 있어 좋은 점이 더 많은 거 같다. 필립 형은 거의 실외 배변만 한다. 처음에는 그런 형이 이해가 안 되었지만, 덕분에 비가 오나 눈이 오나 하루 두 번 이상 산책하러 나간다. 하하.

또 필립 형은 골든 레트리버다. 관절이 좋지 않아서 엄마·아빠가 자주 수영을 시켜주려 하신다. 수영을 좋아하는 나도 덩달아 너무 좋다. 한편으로 나보다 너무 여유롭게 수영하는 형이 부럽기도 하다. 점프할 때는 형이 정말 멋있다.

가장 부러운 점은 난 딱딱한 걸 잘 씹지 못하는데 형은 잘 씹는다. 왜 이리 되었는지는 모르지만 내 송곳니는 어렸을 때 끝부분이 잘려 나가서 그런 거 같다. 그래서 뼈 간식을 먹기 힘들다. 너무 먹고 싶은데….

그런 내 마음을 알았는지 엄마·아빠는 뼈 간식을 필립 형이 어느 정도 씹고 나면 새 걸로 교환해 주고 필립 형이 씹던 걸 나에게 주셨다. 너무 좋았다. 나도 뼈 간식을 먹을 수 있다니. 이제 필립 형이 뼈 간식을 씹고 있으면 턱 받치고 앞에서 기다린다.

필립 형이 씹던 거라 더럽지 않으냐고요?

우린 가족이니 괜찮아요. 하하.

가끔은 앙리에게 미안할 때가 있습니다. 앙리는 착하다는 말이 저절로 나올 정도로 참으로 똑똑하고 훌륭한 반려견입니다. 그런데도 필립이로 인해 제한되는 것이 있어, 많이 미안할 때가 있습니다. 그렇지만 앙리 생각대로 우린 가족이고 나쁜 점이 있으면 좋은 점도 있고 이렇게 알콩달콩 건강하게 살아가면 되지 않나 싶습니다. 사람도 같은 거 같습니다.

56. 201동 201호, 홍시네 가족

직업상 다양한 사람과 강아지를 만납니다. 그중 한 가족이 정말 멋지고 행복한 홍시네 가족입니다. 아기의 태명을 강아지의 이름으로 지어주었습니다. 강원도에서 살다가 지금은 다른 지역으로 이사 간 홍시 이야기입니다.

강아지 아들·딸들이 행복한 세상이 되기를 바라는 마음은 한결같습니다. 아무리 착하고, 교육이 잘 된 강아지라도 강아지를 무서워하는 사람의 선입견을 바꾸기는 참 어렵나 봅니다.

누구에게는 위로와 자연스러운 웃음을 주고, 누구에게는 공포와 무서움을 주니 참 아이러니합니다. 사람 마음먹기에 따라 달라지니까요. 그래도 반려동물 가족들만이 느끼는 것이 있습니다. 사랑, 공감, 배려, 신뢰.

아빠·엄마를 닮은 멋진 레트리버 홍시는 정말 착하고 예쁜 강아지입니다. 보는 것만으로 웃음을 짓게 하는 매력 있는 홍시.

홍시를 생각하며 홍시 엄마께서 쓰신 글입니다.

┌

안녕하세요! 201동 201호에 사는 홍시입니다.

저는 래브라도 레트리버라는 견종으로, 제 친구들은 시각장애인 안내견이나 공항 탐색견으로 열심히 일하고 있어요. 저는 정말 순하답니다. 지난해 입양 와서 한 번 짖지도 않았어요.^^

그러나 몸집이 크다 보니 제가 무섭게 느껴졌던 아파트 주민들이 있으신 거 같아 이제 입마개를 하고 다녀야 할 것 같아요.

많이 답답하고 불편하겠지만 꼭 참고 입마개를 하고 다녀보도록 할게요.

혹시 제가 입마개를 했다고 해서 누구를 물거나 사고를 친 게 아니라고 말씀

드리고 싶어서요.

저는 바로 전까지 이웃분들이 예뻐해 주시고 쓰다듬어 주시고,

간식도 주셨던 순둥이 홍시 그대로랍니다.

우리 가족은 몇 달 후면 이사 갈 것 같다고 하시네요. 조금만 이해해 주세요.

제가 우리 가족들과 헤어지지 않게 시간을 주세요. 부탁드립니다.

이 종이는 1주일 후에 정리하겠습니다.

강아지에게 입마개는 정말 불편합니다. 입은 생존 수단이고, 방어 수단이고, 자신을 표현하는 수단이기 때문입니다. 입마개를 잘 참고 산책하는 강아지들 정말 대단합니다. 강아지들에게 미안합니다.

57. 사랑을 주고받는 법

강아지는 부지런합니다. 아침에 일어나라고 깨웁니다. 얼굴을 핥고 발로 건듭니다. 어떻게 대처하는지 알면서도 못 이긴 척 일어납니다. 오늘은 무슨 좋은 일이 없나 하며 졸졸 따라다닙니다. 산책하고, 아침 식사하고, 출근합니다. 퇴근합니다.

초인종 소리만 들어도 누구인지 알고 멍멍 짖습니다. 산책하고, 저녁 식사를 합니다. 누구에게 가면 마사지를 해주는지, 누가 간식을 줄지 정확히 압니다.

분위기가 싸늘하면 조용히 책상 밑에 가서 엎드립니다. 좋은 일이 생겨 온 가족이 화기애애하면 덩달아 꼬리를 흔듭니다. 분위기 좋으니 나에게도 좋은 일이 있을 거야 하고 생각하는 거 같습니다. 무거운 분위기, 즐거운 분위기에서 강아지의 행동 패턴이 있습니다.

강아지와 생활하는 가족은 느낄 수 있습니다. 자연스럽게 분위기가 좋아질 수밖에 없습니다.

오늘은 어떤 일이 있었는지, 먼저 강아지에게 있었던 일, 아빠, 엄마, 다른 가족들이 있었던 일을 이야기해 보세요. 그냥 지나가는 날이 없을 겁니다. 배변 실수, 짖음, 산책 중에 비둘기, 까치, 고양이 만난 일 등.

가끔 강아지의 발 냄새를 맡습니다. 더럽다고 생각하는 사람도 있겠지만, 그 냄새가 좋습니다. 구수한 누룽지 냄새와 비슷합니다. 의외로 강아지 발 냄새를 좋아하는 보호자들이 많습니다.

털이 옷에 묻고, 침이 손에 묻어도 오히려 재미나고 흥겹습니다.

이런 생활을 하다 보면, 강아지, 고양이와 살아가면서 누가 누구에게 더 많이 의지하고, 더 많은 혜택을 주고 받는지 모릅니다. 사람일까요? 강아지일까요?

분명한 건 우리가 강아지에 대해 많이 알게 되면, 가족과 이웃에 대해 알게 됩니다. 사랑도 주고받게 됩니다.

58. 알 수 없는 사랑의 크기

우리 부부에게는 아이가 없습니다. 어찌하다 보니 소중한 아이가 하나도 없습니다. 2009년 2월에 갑작스럽게 많은 변화가 찾아왔습니다. 처남이 갑자기 쓰러지고, 몇 년 후 처남댁은 암으로 세상을 떠났습니다. 처남·처남댁에게는 세 아이가 있습니다. 예쁜 여자아이 하나, 사내 둘이 있습니다. 나이 드신 장모님이 함께 생활하고 있습니다. 사람 일곱, 강아지 둘, 고양이 하나, 열 식구가 한집에 있었습니다. 얼마 전 처남과 사내아이 둘이 근처로 분가를 해서 지금은 일곱 식구가 한집에 살고 있습니다.

어떻게 지내왔는지 모르게 시간이 지났습니다. 큰 슬픔이 찾아왔고, 아픈 상처가 남아 있을 텐데 조카들은 무던하게 잘 성장하고 있습니다. 큰 조카 아이는 대학 4학년, 둘째 조카는 대학 2학년, 막내 조카는 고등학생입니다. 보면 볼수록 잘 커서 감사합니다. 필립, 앙리, 소원이에게 감사합니다.

필립이는 산책 중에 교복을 입은 학생을 보면 움직이지 않고 서서, 누나·형인지 확인하고서야 산책을 이어갑니다. 누나라는 말을 알고, 형이라는 단어를 알고 있습니다. 밥을 먹다가도 누나나 형이 오면 꼬리를 흔들며 밥을 먹습니다. 장모님에게 간식 먹다가도 꼬리 흔들고 다가가 만져 달라 합니다. 장모님에게는 언제부터인지 천천히 다가갑니다. 장모님 걸음이 느려서인 거 같습니다.

조카들은 강아지 밥 주고, 놀아 주고, 배변 패드 치우는 것을 싫은 내색 없이 잘해 주고 있습니다. 모든 가족이 서로를 잘 알고 지내는 거 같습니다. 고양이는 장모님에게만 아직 몸을 내어 주지 않지만, 다른 가족에게는 사랑스럽게 대하고, 강아지 형들과 잘 지내고 있습니다.

　강아지, 고양이와 살아가면서 얻는 사람의 혜택에 관해 연구하고 논문을 쓰면서도 논문에 담을 수 없는 것이 있습니다. 사랑의 크기, 신뢰의 크기, 행복함의 크기는 담을 수 없는 거 같습니다.

59. 어르신의 눈물

필립이와 아침 산책 중에 어르신 한 분을 만나 이야기를 한 적이 있습니다. 집안 식구를 전철역에 배웅하고 집으로 가는 중이라고 하시면서,

필립이를 보고 "한번 만져 봐도 돼요?"라고 말씀을 하셨습니다.

당연히 저는 "네, 어르신."하고 답을 드렸습니다.

필립이를 쓰다듬어 주시며, 몇 년 전까지 진돗개와 같이 생활했는데, 하늘나라 보냈다고 하면서 눈물을 흘리셨습니다.

"보내고 나니 너무 마음이 아프다고, 이제는 그렇게 마음을 주고 싶지 않다."라는 말씀에 짠한 마음이 들었던 적이 있습니다.

한 어르신이 노령견을 안고 들어와 갑자기 발작한다고 하셔서, 일단 물을 주고, 마사지를 해 주었던 기억도 있습니다. 눈물 흘리시며, 아픈 손주를 안고 달리는 할머니의 모습이었습니다.

80세 어르신께서 20살 넘은 강아지가 다리에 힘이 없어 대변 실수를 자주 하는데, 어떻게 하면 다리근육을 길러주고 잘 걷게 할 수 있는지 물으시며, 마사지를 알려달라고 찾아오셨습니다. 강아지 인형으로 마사지법을 알려드리면서 여쭙고 싶은 질문이 있었지만 여쭙지 못했습니다.

강아지가 어르신께 어떤 존재인지 여쭙고 싶었습니다.

산책 중 또는 지인 중에 강아지를 키워 봤다고 하는 사람들이 있습니다. 지금은 질문하지 않지만, 그전에는 오지랖 때문인지 물어보곤 했습니다.

"지금도 같이 키우세요?"

무지개다리 건너 아지 별로 보냈다고 답을 하시는 분들도 계시지만, 의외

로 시골농장에 보냈다고들 합니다. 강아지가 진정으로 행복한 곳이라면 어디에 있는지는 중요하지 않으니까요.

한때 유행처럼 특정 대형견 강아지가 많이 보이다가, 어느 순간부터 보이지 않기 시작합니다. 그리고 어디에 있어요? 하면 "농장에 보냈다."고 합니다.

"강아지가 어떤 존재인가요?" 자문해 보시면, 더 열심히 사랑할 겁니다.

60. 이토록 아파하는지

강아지가 우리 곁을 떠나면 '무지개다리'를 건넌다고 합니다. 슬픔이 커서 오랫동안 아파하는 보호자들이 많습니다. 사람은 강아지에게 주기만 한 거 같은데, 무엇을 받았길래 이토록 미안해하고 아파할까요.

사람과 사람의 관계는 윈-윈 해야 한다고 합니다. 조금이라도 기울어지면 관계를 지속하기 어려운 경우가 많습니다. 하지만 사람과 강아지와의 관계는 기울어진 관계도 충분히 만족하고 사랑할 수 있습니다.

강아지는 놀기 좋아합니다. 사람에 따라 취미나 취향이 다르지만, 사람도 놀기 좋아합니다. 놀기 좋아하는 강아지와 사람이 만나 모두 동심으로 돌아갑니다. 강아지는 사람의 학벌, 수입, 과거, 성별, 나이를 따지지 않습니다. 사람은 털이 수북한 강아지에게 한없이 베풀면서, 아무것도 기대하지 않습니다. 행복하게 우리 곁에서 있어 주기만을 바랍니다.

반창고처럼 아픈 곳을 낮게 해주고, 달래 주는 네발로 걷는 강아지. 사람에게서 느낄 수도 없고, 받을 수도 없는 사랑을 주고받습니다.

사람에게는 더 좁힐 수 없는 감정의 거리가 있지만, 강아지와는 감정 거리 제로이니까요. 사랑을 남기고, 끊임없이 사랑하고 살아가라고 알려 준 강아지입니다. 그래서 빈자리가 슬프고 아픕니다.

가족이고, 어떤 때는 다른 가족보다 더 가까웠던, 사랑하는 강아지를 잃은 슬픔은 몇 번을 경험해도 익숙해지지 않습니다. 생각만 해도 눈물이 납니다.

비반려인은 이해하지 못할 수 있습니다. 사람의 죽음처럼 아파하는 보호자를 의아해하기도 합니다. 반려 가족의 슬픔, 상실, 애도는 공감받지 못하기도 합니다. 주위에서 걱정하는 것은 보호자이지 강아지는 아닌 거 같습니다. 이것이 우리를 더 아프게 하기도 합니다.

사람의 의지와 상관없이 하루가 지나고, 계절이 바뀌고, 해가 바뀝니다. 시간은 물 흐르듯 지나갑니다. 다른 삶이 기다리고 있습니다.

어떻게 강아지와 살았는지 뒤돌아보세요. 순간이었던 거 같지만, 영원한 시간. 시간이 흐르면서 슬픔을 이기고, 견디고 살 수 있을 만큼 강해질 수 있습니다.

이것이 강아지가 우리에게 주고 간 것입니다. 그렇게 하고 난 후에야 비로소 진정한 행복, 즐거움과 고마움을 알게 됩니다.

61. 다짐. 너희에게 배운 대로 살게

강아지가 우리에게 준 선물이 있습니다. 보이지 않는 선물입니다. 가치로는 따질 수 없는 소중한 선물입니다. 사랑입니다. 신뢰입니다.

'과거, 중요하지 않아요. 미래, 중요하지 않아요. 지금 이 순간을 즐기고 살아가세요.'라고 말하고 있습니다.

다른 사람의 시선이 아닌 자신만의 세상을 만들고 사랑하라고 알려 주었습니다. 힘이 들 때 강아지를 생각해 보세요. 강아지는 정말 잘 웃고, 기꺼이 우리에게 미소를 보입니다. 꼬리만이 아니라 엉덩이, 허리 전체, 춤을 추듯 움직이며 웃는 얼굴은 아름답습니다.

계획대로 되는 것은 많지 않습니다. 강아지는 계획이 없죠. 하루를 재미나게 즐겁게 행복하게 살면 그만입니다. 우리 계획대로 되지 않더라도 자책하거나 실망하지 말아 주세요. 부단히 무언가를 하고 있고, 내가 나를 찾고 있다면 분명 성공한 삶이 아니더라도, 행복한 삶이 될 거예요.

"공부 못해도 괜찮아. 살아가는 방법은 다를 수 있으니까."

"잘 못 나가면 어때. 행복하면 되지."

필립이가 먼 산을 쳐다볼 때가 있습니다. 그때 궁금합니다. 무슨 생각을 하는 건지, 엄마를 그리워하는 건지, 형제를 생각하는 건지, 날씨를 생각하는 건지.

중요한 건 내 곁에 소중한 강아지가 있고, 지금 내가 행복하다는 것이겠죠.

후기

반려동물, 야생동물, 산업 동물, 연구 동물 모두 사람의 필요에 따라 나누어지고 길러지고 있습니다. 어디에 있는가에 따라 동물들의 삶과 질은 너무도 다릅니다. 인간의 필요에 따라 길러진다고 해서 동물이 가지고 있는 권리 또한 무시되지 않는 세상이 되었으면 합니다.

모든 생물체는 죽음을 맞이합니다. 사람도 죽음을 맞이합니다. 죽는 순간에 자연에 있는 것처럼 죽음을 맞이하기를 기도합니다. 가장 동물다운 죽음을 맞이하기를 기도합니다. 동물다운 죽음을 맞이한다면 슬프지만 참을 수 있을 거 같습니다.

반려동물과 생활하는 사람, 동물과 관련된 일을 하는 훈련사, 조련사도, 산업 동물을 경영하는 농장주도, 동물을 이용해 필요한 연구를 하는 연구원도, 야생동물을 접하는 사람도 모두 동물에 대한 깊은 이해와 배려심을 가졌으면 하는 바람입니다.

자본이 움직이는 세상이라고 하지만, 동물들에게 미안함, 측은함, 감사함을 느꼈으면 합니다. 이유도 모르고 자유를 느껴보지 못한 채 학대당하고, 고통받고, 죽음을 맞이하는 동물들에 대한 최소한의 예의가 지켜지는 세상이 되기를 소원합니다. 세상의 주인은 인간과 더불어 모든 생물체라는 것을 모든 사람이 공감하기를 기도합니다.

자신들의 금전적 이득을 위해 동물보호법 제3조[동물보호의 기본원칙], 제7조[적정한 사육관리]와 제 8조[동물 학대 등의 금지] 등을 지키지 않으며, 건강하지 못한 강아지를 무차별적으로 번식하는 사업자들이 있는 한, 유기견들은 계속 늘어날 것입니다.

모든 동물이 법에 나와 있는 대우만 받아도 지금보다 몇십 배는 좋은 환경에서 생활할 수 있을 거 같습니다.

매일 매일 동물들을 구조하고 보살피느라 애쓰시는 모든 분에게 존경과 경의를 표합니다.

강아지는 산책하고 달리고 놀아야 한다

도로시샘 김병석의 thinking together training

지 은 이 김병석[도로시샘]
그　　림 박현주[두부]

저작권자 김병석

1판 1쇄 발행　2020년 4월 1일

발 행 처 하움출판사
발 행 인 문현광
교정교열 신선미
편　　집 조다영
주　　소 전라북도 군산시 축동안3길 20, 2층(수송동)
I S B N 979-11-6440-131-4

홈페이지 http://haum.kr/
이 메 일 haum1000@naver.com

좋은 책을 만들겠습니다.
하움출판사는 독자 여러분의 의견에 항상 귀 기울이고 있습니다.

이 도서의 국립중앙도서관 출판예정도서목록(CIP)은 서지정보유통지원시스템 홈페이지(http://seoji.nl.go.kr)와
국가자료종합목록 구축시스템(http://kolis-net.nl.go.kr)에서 이용하실 수 있습니다.(CIP제어번호 : CIP2020011696)